NOTICE

SUR LES

EAUX MINÉRALES

DE HOMBOURG.

Notice

SUR LES

EAUX MINÉRALES

DE HOMBOURG

(PRÈS FRANCFORT-SUR-MEIN),

PAR

VICTOR STŒBERG,

Docteur en médecine, professeur agrégé près la faculté de médecine de Strasbourg, membre correspondant de l'Académie royale de médecine de Paris.

AVEC L'ANALYSE CHIMIQUE

PAR LE PROFESSEUR LIEBIG.

Deuxième Édition.

PARIS.

IMPRIMERIE DE DELACOUR ET MARCHAND FRÈRES,

RUE DE SÈVRES, 94, A VAUGIRARD.

Dépôt à Paris, rue St-Jacques, 80.

1844.

AVANT-PROPOS.

L'étude des eaux minérales, tant négligée il y a peu d'années encore, a reçu de nos jours une impulsion qui ne tend qu'à s'accroître. Les progrès de la chimie, en nous fournissant des données plus certaines sur la composition des eaux, et les méthodes d'observations plus rigoureuses, en nous faisant connaître les changements que subit l'organisme sous l'influence de ces agents médicamenteux, ont dissipé les préventions qui existaient même chez beaucoup de médecins contre l'emploi de cette puissante ressource thérapeutique.

Le développement du goût des voyages a été particulièrement favorable aux eaux minérales, et celles situées sur le trajet des grandes directions suivies par les touristes en ont profité le plus.

Nulle part l'affluence n'est plus considérable que dans les bains qui bordent les rives du Rhin, cette grande artère centrale de l'Europe. Bade, Wisbaden, Embs et tant d'autres regorgent de malades et de voyageurs pendant trois mois de l'année.

A ces eaux, dont la réputation est ancienne, viennent de se joindre de nouvelles sources, qui, par l'intensité de leur minéralisation et l'énergie de leur action dans certains états morbides, ainsi que par les arrangements pris pour en faciliter l'usage et le rendre agréable, promettent de s'élever à l'un des premiers rangs parmi les eaux minérales de l'Allemagne. Les eaux de Hombourg commencent à peine à être connues; elles méritent qu'on les étudie davantage, et c'est pour attirer sur elles l'attention des médecins que j'ai pris la plume. Je mettrai à profit pour ce petit travail et mon expérience personnelle et celle de quelques confrères, en cherchant à me tenir également éloigné d'un scepticisme outré, qui n'ajoute foi qu'à ce qu'il voit, et de l'exagération de certains médecins des eaux qui croient avoir trouvé dans leurs sources un remède à tous les maux.

NOTICE

SUR LES

EAUX MINÉRALES DE HOMBOURG.

I.

Les Sources de Hombourg.

Les sources de Hombourg jaillissent dans un vallon qui s'étend dans la direction du nord-ouest au sud-est, au pied de la colline sur laquelle est bâtie la petite ville de Hombourg, à 14 kilomètres (3 lieues) de Francfort-sur-Mein.

Le terrain de ce vallon est constitué d'abord par la terre tourbeuse de la prairie, puis par une couche mince de gravier, après laquelle vient, jusqu'à la profondeur de 48 mètres, de l'argile presque pure, suivie d'une couche de fragments de quarz, épaisse de 6 à 7 décimètres. C'est quand on fut arrivé là en forant que l'on vit jaillir l'eau minérale. Puis le terrain argileux se continue de nouveau, et on ne l'avait pas encore depassé à la profondeur de 113 mètres.

La colline sur laquelle la ville de Hombourg est bâtie, est formée de couches successives de schiste argileux, de gravier roulé et de sable quarzeux jaune, percées par un schiste argileux jaune verdâtre.

Les minerais qui se rencontrent en masses plus considérables aux environs de Hombourg sont le quarz, le calcaire grossier, le schiste argileux, qui forme des rochers presque verticaux, et le quarz disséminé en masses gigantesques sur le sommet des montagnes et sur les cols.

La découverte des sources salées de Hombourg se perd dans la nuit des temps, et leur emploi pour l'extraction du sel de cuisine remonte à une époque antérieure à notre ère. Mais ce n'est qu'en 1833 qu'on commença à employer méthodiquement l'eau saline dans un établissement de bains qui venait d'être créé par M. Müller, pharmacien, qui le transmit à son successeur, M. Thuquet. Déjà alors un certain nombre d'étrangers passaient l'été à Hombourg, attirés plus encore par la salubrité de l'endroit et la beauté du pays que par ses eaux minérales.

L'année suivante, M. le docteur Trapp commença à faire boire à ses malades l'eau de la source Élisabeth, et chercha à attirer l'attention de l'autorité sur les propriétés médicales de cette piscine salutaire, qui fut encadrée et nettoyée en 1836. Le même médecin, après avoir observé l'effet des eaux sur un certain nombre de malades, publia la première notice sur les eaux minérales de Hombourg, dans l'*Annuaire balnéologique de Græfe et de Kalisch*, année 1836.

Depuis cette époque, plusieurs mémoires ont paru sur ce sujet (1) et ont de plus en plus fixé l'attention du public médical. Aussi le nombre des visiteurs a-t-il été en augmentant chaque année, surtout depuis que les sources ayant été données en bail à MM. Blanc, frères, en 1841, ceux-ci en ont fait découvrir par des sondages trois nouvelles, plus minéralisées encore que les anciennes, et ont créé, pour l'agrément des étrangers, un établissement qui peut rivaliser avec ceux des bains les plus renommés (2).

Les sources utilisées pour l'usage médicinal sont au nombre de cinq. Un nouveau et dernier forage a été commencé, il n'y a pas longtemps, dans la partie du

(1) *Homburg und seine Heilquellen*, von Dr E. C. Trapp. Darmstadt 1837. — *Erfahrung über den Gebrauch und die Wirksamkeit der Heilquellen zu Homburg vor der Hœhe*, von Dr F. Müller. Frankfurt a/M. 1840. — *Ueber die Heilquellen von Homburg vor der Hœhe*, von Dr F. L. Feist. Mainz 1842. — *Homburg vor der Hœhe und seine Heilquellen*, von Dr F. W. Pauli. Frankfurt 1842. — *The spaa's of Homburg*, by sir A. Downie. Francfurt 1842. — *Mémoire sur les eaux minérales de Hombourg-ès-monts*, par le docteur Trapp (*Gazette médicale de Paris*, 1843, n° 28). — *A picture of Homburg und its environs*. By Francis Coghlan. London 1844.

(2) Nombre des personnes qui ont pris les eaux de Hombourg :

en 1834 — 155 ;
en 1836 — 294 ;
en 1839 — 800 ;
en 1842 — 1800 ;
en 1843 — 2700 ;

vallon la plus rapprochée de la ville, mais n'a point donné de résultat jusqu'à présent.

Des cinq sources, quatre sont employées à l'intérieur. Leur aménagement a été bien soigné, afin d'empêcher le mélange de ces eaux salines avec les eaux douces environnantes. Chaque source se trouve dans le centre d'un bassin en pierre, dans lequel on peut descendre par quelques marches et qui est entouré d'une grille en fer. Des corbeilles de fleurs et des bouquets d'arbres encadrent ces bassins; des allées ombrageuses et des chemins bien sablés y conduisent, et, s'étendant depuis la ville jusque dans la vallée, offrent aux malades qui font usage des eaux, une promenade agréable et variée. Un promenoir couvert se trouve près de la source principale; il est devenu insuffisant pour permettre à la foule de circuler par le mauvais temps, et sera remplacé par une construction plus vaste et plus élégante, dont l'exécution est déjà projetée par MM. Blanc, et qui présentera l'avantage d'être réunie à une serre, et d'offrir ainsi une promenade agréable même pendant l'hiver. La source qui sert à l'usage externe est munie de pompes qui versent l'eau dans les tonneaux, au moyen desquels elle est transportée dans les différents établissements de bains.

Chacune des sources étant d'une composition chimique différente, exige qu'on la décrive séparément.

Je commence par celle qui est le plus généralement employée, plus que toutes les autres réunies.

1. *La source Élisabeth* (ou *Curbrunnen*), ainsi nommée en l'honneur de la princesse de ce nom, épouse du landgrave Joseph, faisait partie des sources salées autrefois exploitées. C'est par elle qu'on a commencé les expériences thérapeutiques en 1834.

Elle fournit dans les vingt-quatre heures 11,600 litres d'une eau continuellement agitée à sa surface par le bouillonnement qu'y produit le gaz acide carbonique en s'échappant. Dans le verre, l'eau est d'abord claire, remplie de bulles de gaz; mais lorsqu'on la laisse reposer pendant quelque temps, elle perd sa limpidité et dépose sur les parois du vase un sédiment terreux, rouge jaunâtre, ocré.

Cette même matière, composée, suivant M. Liebig, de carbonate de chaux, de carbonate de magnésie et de carbonate de fer, incruste également l'encadrement de la source, ainsi que les conduits qui servent à l'écoulement des eaux.

La température de cette source à toujours été trouvée de 10 5/8° C.

La saveur de l'eau est piquante, salée et faiblement amère.

Son poids spécifique est de 1,011530 à 16° C. (1)

(1) Voir, à la fin du volume, l'analyse chimique faite par M. le professeur Liebig, de Giessen.

II.

Considérations générales sur l'action pharmaco-dynamique des eaux de Hombourg.

Les eaux minérales sont presque toujours des médicaments très-composés, renfermant chacune plusieurs principes actifs. C'est suivant que l'un ou l'autre de ces derniers prédomine dans une eau, qu'on la range dans telle ou telle des classes admises par les balnéographes. *A priori* il est quelquefois difficile de dire au juste quelle sera l'action d'une source nouvellement découverte et analysée : on ne sait pas quel est celui des principes constituants qui manifestera le plus d'énergie; d'ailleurs, la chimie, n'ayant pas encore atteint ses dernières limites, il existe peut-être dans les eaux minérales des substances qui lui ont échappé jusqu'à présent et qu'elle découvrira un jour. Peut-être aussi que des différences dans la combinaison moléculaire des eaux minérales, inappréciables à nos moyens d'investigation actuels, peuvent entraîner des modifications dans leur mode d'action sur l'économie animale.

Il n'en est pas moins vrai que, pour apprécier l'effet probable d'une eau minérale, l'analyse chimique est d'un grand secours.

L'analogie de composition avec d'autres eaux déjà connues peut également nous fournir des éléments d'appréciation. Mais nos connaissances ne sont positives qu'alors que des expériences directes nous ont appris quel rang devra occuper la source dans le cadre de la matière médicale.

Les eaux de Hombourg renferment, comme on l'a vu, du gaz acide carbonique, des substances salines et du fer, elles sont par conséquent acidules, salines et ferrugineuses. Mais les proportions de ces principes varient dans les cinq sources. Les trois premières, les sources *Elisabeth, de l'Empereur* et *des Bains*, sont plus particulièrement salines; celles de l'Empereur et des Bains peuvent même être appelées *salées*, à cause de la prédominance si marquée du chlorure sodique ou sel de cuisine. C'est avec les eaux de Kissingen que ces sources salines ont la plus grande analogie, mais elles contiennent plus de gaz acide carbonique et sont plus chargées de sels, surtout de chlorures sodique et calcique, et de fer, que celles de Kissingen.

Parmi les autres sources, tant thermales que froides, qui, par leur composition, se rapprochent le plus de celles de Hombourg, mais en diffèrent toutes par une proportion bien plus petite de principes salins et d'acide carbonique, nous ne citerons que Bourbonne, Balaruc, Niederbronn, Kannstat, Wisbaden.

La source nouvelle de Hombourg ne peut pas être comprise dans la même catégorie. La grande proportion de fer qu'elle contient doit la faire ranger parmi les eaux ferrugineuses, et la ferait placer presqu'au niveau de Pyrmont, et bien au-dessus de Schwalbach, si la grande quantité de ses principes salins ne la différenciait des aux ferrugineuses ordinaires et ne lui assignait une place à part dans la série des eaux minérales.

Enfin la *source de Louis* est appelée *acidule* (*Sauerbrunnen*). L'acide carbonique n'est cependant pas le seul principe actif de cette eau. Les sels qui entrent dans sa composition sont assez abondants pour différencier cette eau des eaux acidules proprement dites et la rapprocher des eaux salées, et principalement de la source Élisabeth, dont l'action est cependant plus excitante.

Malgré les différences qui existent entre les sources de Hombourg, ces eaux peuvent néanmoins être considérées comme un même médicament diversement modifié : les principes minéralisateurs restent les mêmes, il n'y a que leur quantité et leurs proportions qui varient; et c'est un avantage précieux pour les médecins de Hombourg, de pouvoir adapter à chaque cas individuel l'eau qui paraît devoir lui convenir, ou, en changeant de source, de pouvoir modifier le traitement pendant le cours de la maladie.

Il est évident que des eaux aussi fortement chargées de principes médicamenteux doivent avoir une action énergique sur l'économie animale. Chacun des sels qui entrent dans leur composition fait partie de la matière médicale ; il est inutile, par conséquent, que je parle des propriétés pharmaco-dynamiques de chacun d'eux en particulier, comme il est superflu aussi que je discute la question de savoir si le gaz acide carbonique est excitant, comme on l'admet assez généralement, ou si, au contraire, il est hyposthénisant, comme le veut M. Rognetta (1) avec l'école italienne. Ce qu'il importe de connaître, ce sont les phénomènes produits par l'usage des eaux minérales dont je parle.

L'eau de *la source Élisabeth* (celle qu'on emploie le plus souvent et qui sera toujours sous-entendue quand je parlerai de l'eau de Hombourg sans spécifier la source), prise à la dose de quelques verres, détermine une sensation agréable de chaleur à l'estomac, excite cet organe, les intestins et les glandes du bas-ventre, augmente leurs sécrétions et produit par là des évacuations alvines et une diurèse plus abondantes. Lorsque cette dernière est très-forte, il arrive que les

(1) *Études sur les eaux minérales.* (*Annales de thérapeutique et de toxicologie*, par le docteur Rognetta. 1843. Nos 5 et 6).

évacuations alvines sont au contraire diminuées, que des constipations se manifestent, ce qu'on observe surtout dans les premiers jours de l'usage de cette eau. L'afflux de sang occasionné par l'excitation du tube digestif est quelquefois assez considérable pour donner lieu à des congestions qui se trahissent et se terminent par des écoulements hémorrhoïdaires, par le simple développement d'hémorrhoïdes, par une augmentation du flux menstruel.

Dans certains cas, l'usage de l'eau donne lieu au commencement à des acidités, du pyrosis, des renvois ou des vomissements acides; le pourtour de l'anus est alors irrité par l'âcreté des évacuations alvines.

L'action de l'eau n'est toutefois pas bornée à ces effets locaux : elle imprime une activité plus grande à la nutrition et à l'assimilation, et par là réagit sur tout l'organisme. Le pouls s'accélère légèrement et devient plus fort, plus développé, la respiration plus fréquente, les mouvements musculaires plus libres, plus énergiques; les sécrétions des muqueuses respiratoires et génitales sont souvent augmentées.

Les effets de l'eau sur le système nerveux ne sont que secondaires; en régularisant les fonctions digestives, en activant l'assimilation, elle diminue la surexcitation nerveuse. Je ne parle pas des vertiges momentanés qu'occasionne quelquefois la grande abondance de gaz acide carbonique.

L'eau de *la source de l'Empereur* jouit des mêmes propriétés que l'eau Élisabeth, mais à un plus haut degré; aussi produit-elle à moindre dose les mêmes effets : un ou deux verres peuvent déterminer plusieurs selles.

La source nouvelle, au contraire, purge moins; la grande quantité de fer qui y est contenue porterait plutôt à la constipation, si les sels qu'elle renferme également ne contre-balançaient cet effet et ne tenaient facilement le ventre libre.

La source de Louis agit plus sur les voies urinaires que sur le canal digestif, et son usage prolongé ne stimule point l'organisme ou du moins produit une excitation générale moins vive que l'eau des autres sources; elle convient par conséquent davantage aux constitutions très-irritables.

Les bains enfin ont un double effet : la partie de l'eau qui est absorbée porte son action sur les organes internes et augmente surtout la diurèse. Par son contact prolongé avec la peau, l'eau salée produit pendant les premiers bains une stimulation légère de cet organe, qui donne une sensation de chaleur agréable. Lorsqu'on continue l'usage des bains, l'irritation de l'enveloppe cutanée devient quelquefois plus forte; il s'y développe de la rougeur, de l'ardeur, de la démangeaison, qui se dissipent au bout d'un certain temps, pour se reproduire lorsqu'on prend de nouveau un bain, et se transformer même en une éruption vésiculeuse, qui alors ne disparaît qu'au bout de quelques jours. Tous ces phénomènes s'observent bien plus souvent sur des personnes qui ont la peau blanche et fine, que sur celles qui sont brunes et dont la peau est peu irritable. C'est une véritable *poussée*, mais qui est évidemment due à l'action irritante locale des principes contenus dans l'eau et non à un mouvement critique qu'on n'observe point pendant la cure, à moins qu'on ne veuille décorer de ce nom les évacuations alvines plus copieuses et plus foncées en couleur qui ont lieu quelques jours après le commencement de l'usage intérieur de l'eau.

Aux effets des bains dus à l'action des principes minéralisateurs des eaux de Hombourg se joignent, comme de naturel, ceux produits par l'absorption de l'eau même et par la température dans laquelle le corps se trouve plongé.

III.

Indications et contre-indications des eaux de Hombourg.

Les considérations qui précèdent peuvent faire prévoir quelles sont les maladies dans lesquelles les eaux pourront être employées avec succès, quelles sont celles où ces eaux sont formellement contre-indiquées. Elles conviendront dans les cas où il s'agira de modifier les fonctions perverties de l'estomac et des intestins en portant une stimulation particulière sur ces organes; lorsqu'il faudra activer la circulation abdominale, exciter les organes sécréteurs, régulariser la nutrition et l'assimilation.

Il faudra éviter l'usage de ces eaux dans toutes les maladies inflammatoires aiguës, dans les cas où des inflammations chroniques ont une grande tendance à reprendre de l'acuité, dans ceux où les viscères sont atteints de désorganisations graves dont les progrès sont ordinairement hâtés par tout ce qui accélère la circulation.

Par la même raison, les individus lymphathiques, bouffis, peu impressionnables, sont plus propres à l'emploi des eaux de Hombourg que les sujets sanguins, chez lesquels leur action doit être surveillée et quelquefois modifiée par l'emploi simultané d'autres moyens, tels que les saignées, les applications de sangsues, etc.; d'où il résulte que les personnes qui prennent les eaux doivent se confier aux soins d'un médecin de la localité; une conduite contraire pouvant avoir des conséquences très-graves.

Je passe maintenant aux maladies spéciales dans lesquelles on s'est servi des eaux de Hombourg.

3. DYSPEPSIE. CONSTIPATIONS HABITUELLES.

Je comprends sous le premier nom les différentes variétés d'un même état morbide caractérisé par la difficulté avec laquelle se fait la digestion, et la sensation pénible qui l'accompagne. Peu de temps après avoir ingéré les aliments, les malades éprouvent une pesanteur, une plénitude dans la région de l'estomac; ils sont obligés d'ouvrir leurs habits qui les gênent. Cette sensation passe même à l'état de douleur (cardialgie). Tantôt des renvois et des régurgitations acides se manifestent; tantôt c'est un développement de gaz qui a lieu dans l'estomac (dyspepsie flatulente), et les malades ne sont soulagés de leur pesanteur épigastrique, qu'après l'émission par la bouche d'une quantité de gaz inodores. Cet état s'accompagne souvent de constipations habituelles et s'observe surtout chez les personnes qui mènent une vie sédantaire, exercent plus leurs facultés intellectuelles que leurs forces physiques.

Dans ces cas, l'usage interne des eaux de Hombourg est d'une efficacité presque constante, surtout lorsqu'elle est prise à la source ; car alors l'air vif des montagnes, le mouvement, la distraction, l'absence des affaires, concourent à augmenter l'action du médicament. Il en est de même lorsque le mouvement vermiculaire des intestins n'est pas assez vif et qu'il en résulte des constipations habituelles, sans trouble des fonctions de l'estomac.

2. VERS INTESTINAUX.

Les vers intestinaux sont expulsés pendant l'usage des eaux, soit que celles-ci n'agissent que par leur effet purgatif, soit que les principes salins qui y sont tenus impressionnent désagréablement les parasites. Elles conviendront, par conséquent, non dans les cas d'helminthiase récente, qu'on guérit plus simplement et à moins de frais, mais chez les individus chez lesquels la disposition aux vers est tellement prononcée que ceux-ci se reproduisent toujours et occasionnent un état de langueur de toute l'économie. L'état particulier du canal intestinal qui donne lieu à cette disposition, exige une médication stimulante et tonique, combinée aux moyens évacuants : l'eau de la source Élisabeth, et plus encore l'eau ferrugineuse, réunissent ces propriétés.

3. HÉMORRHOÏDES. FLUX HÉMORRHOÏDAL.

La congestion de sang dans les vaisseaux hémorrhoïdaux, l'écoulement de sang par ces vaisseaux, donnent lieu à différents accidents : certains individus sont affectés de dyspepsie, de constipation, de douleurs à l'anus, surtout pendant la défécation, d'une irritabilité nerveuse très-grande. Tous ces symptômes disparaissent dès qu'il se fait un écoulement de sang par les vaisseaux hémorrhoïdaux. D'autres sont sujets à des flux de sang par l'anus, revenant à des périodes plus ou moins fixes. Ces écoulements tardent-ils trop, des congestions se forment dans d'autres organes, et il peut en résulter des accidents graves, tels que des apoplexies, des hémoptysies, des hématémèses, etc.

L'on conçoit quelle peut être dans ces cas l'utilité de l'eau de Hombourg, dont l'usage détermine ordinairement une congestion dans les vaisseaux hémorrhoïdaux.

4. ENGORGEMENT DU FOIE ET DE LA RATE. ICTÈRE. CALCULS BILIAIRES.

il est extrêmement difficile, souvent même impossible,de déterminer si un foie ou une rate sont simplement engorgés par stase sanguine ou tuméfaction de leur tissu, ou si déjà il y a altération plus profonde, dégénérescence de l'organe; et cependant, c'est de cette détermination que dépendra l'indication ou la contre-indication des eaux de Hombourg.

En stimulant les intestins et les parties qui y aboutissent, en activant les sécrétions et la circulation, elles combattent la stase sanguine et la tuméfaction des viscères abdominaux; et l'on conçoit tout aussi bien l'action de ces eaux minérales dans les engorgements viscéraux, les hépatites chroniques, que celle de certains gargarismes stimulants dans les tuméfactions des amygdales ou des collyres irritants dans les ophthalmies chroniques. Les eaux de Hombourg agissent ici dans le même sens et mieux que les autres fondants, les extraits végétaux et les sels, qu'on emploie si souvent dans ces cas.

La dégénérescence squirrheuse ou cancéreuse du foie est toujours exaspérée, hâtée dans sa marche par l'emploi des excitants, qui, par conséquent, doivent être bannis du traitement; les eaux stimulantes sont comprises dans cette proscription; leur emploi inconsidéré pourrait augmenter les douleurs existantes ou en faire naître de nouvelles.

Lorsque l'*ictère* dépend d'une cause organique pareille, il ne sera guéri par aucun moyen; la jaunisse simple, par contre, se dissipe généralement très-vite sous l'influence des eaux de Hombourg.

Les médecins de Hombourg prétendent que leurs eaux sont très-efficaces contre les *calculs biliaires,* qu'elles évacuent sous forme concrète ou ramollis et divisés en fragments. Mon expérience n'est pas suffisante à cet égard : dans le seul cas de ce genre où j'ai employé l'eau d'Élisabeth, le soulagement obtenu n'a été que de courte durée ; ce qui dépendait du reste de ce que le foie lui-même était gravement atteint. Nous croirons volontiers à la propriété de l'eau de Hombourg de provoquer l'expulsion des calculs biliaires ; l'irritation spéciale du duodénum propagée à la vésicule du fiel peut en rendre raison. Quant à leur diminution de consistance dans cette poche, elle est plus difficile à concevoir ; il faudrait admettre que la régularisation des fonctions du foie par l'usage de l'eau minérale, fait affluer dans la vésicule qui contient les calculs une bile normale plus abondante, qui serait capable de ramollir les concrétions et d'en favoriser la séparation en fragments plus petits, lesquels seraient alors évacués avec plus de facilité.

5. AMÉNORRHÉE. CHLOROSE.

L'absence ou la suppression de la menstruation peuvent être dues à différentes causes, et le même remède ne saurait toujours les guérir. Les eaux de Hombourg conviennent lorsque les malades ne sont pas très-pléthoriques, qu'il leur faut un moyen qui accélère la circulation, active la nutrition, et en même temps porte le sang vers les vaisseaux du petit bassin. Quelquefois, pour arriver à son but, le médecin est obligé, après avoir fait boire l'eau d'Élisabeth pendant quelque temps, de faire appliquer des sangsues aux aines ou aux parties génitales, d'ordonner des bains de siége ou de vapeurs, afin de provoquer l'écoulement menstruel et de dégorger les vaisseaux honteux congestionnés par l'effet des eaux. Ce même traitement régularise la menstruation lorsqu'un état d'irritation de la matrice empêche le sang d'être évacué. Dans ces cas, on joint avec avantage à l'usage interne celui des bains.

Il y a peu de maladie contre lesquelles nous possédions un remède aussi sûr que la *chlorose*. Cependant il y a des cas où le fer, employé sous les formes ordinaires, est difficilement supporté, où son usage ne peut être continué. Chez ces malades, qui souvent souffrent aussi de constipations habituelles, d'irrégularités dans les fonctions digestives, l'eau de la source ferrugineuse de Hombourg réussit très-bien. Elle présente l'avantage sur les eaux ferrugineuses pures, d'être facilement digérée, de rétablir les fonctions de l'estomac et des intestins, d'entretenir la liberté du ventre.

Les bains et les circonstances accessoires d'un séjour à Hombourg contribuent à assurer le succès du traitement interne.

6. LEUCORRHÉE.

Une maladie aussi répandue et aussi réfractaire à nos moyens curatifs doit se rencontrer fréquemment à Hombourg. On a observé que l'usage de ces eaux commençait toujours par augmenter l'écoulement, comme en général toutes les sécrétions muqueuses; mais qu'à cette exacerbation succédait une amélioration notable dans les cas où la leucorrhée dépendait d'une véritable atonie, et surtout lorsqu'elle était compliquée de cet état morbide des organes abdominaux dans lequel l'eau d'Élisabeth a une action si puissante et dont il a été question plus haut.

7. STÉRILITÉ. AVORTEMENTS.

Les eaux minérales les plus diverses ont été préconisées contre la stérilité; c'est queffectivement celle-ci dépend de causes si variées, que nécessairement les remèdes les plus divers peuvent être employés avec succès. Les eaux de Hombourg trouveront leur indication toutes les fois que la stérilité dépendra d'une atonie, d'un manque de vitalité de l'utérus et des ovaires; qu'il s'agira par conséquent de porter le sang vers ces parties et d'y activer la circulation. Elles conviendront de même lorsque la conception sera empêchée par un état maladif des organes abdominaux que ces eaux peuvent enlever.

Les avortements répétés, provoqués par ces mêmes

circonstances, indiqueront également l'usage des mêmes eaux.

8. CATARRHE DE LA VESSIE.

Les eaux de Hombourg agissent puissamment sur la sécrétion urinaire; elles changent la composition de l'urine et peuvent ainsi porter leur action sur la membrane muqueuse de la vessie, en modifier la vitalité. C'est ce qu'elles font, en effet, dans les cas de catharre vésical chronique. Ceux si rebelles qu'on observe chez les vieillards, et qui sont accompagnés d'un certain degré d'incontinence de l'urine, cèdent souvent à cette médication. Au commencement de l'usage des eaux, l'augmentation de la diurèse rend l'incontinence plus forte; mais peu à peu le sphyncter reprend sa contractilité, en même temps que le mucus devient d'abord moins épais, puis disparaît.

Il est à remarquer que l'urine, en augmentant de quantité, n'en est pas toujours pour cela plus aqueuse; quelquefois elle reste foncée en couleur. Il arrive même qu'elle prend une teinte rouge et que des douleurs se font sentir dans les lombes; l'eau alors a surexcité les reins, et l'on doit momentanément en modérer ou en suspendre l'usage.

9. BLENNORRHAGIE CHRONIQUE.

Cette affection, si désespérante, par sa ténacité,

pour le malade et le médecin, a plusieurs fois été guérie par les eaux de Hombourg chez les malades qui les employaient pour d'autres maladies; l'on peut attribuer cet effet à la modification de l'urine et à l'activité imprimée à la circulation abdominale. Presque toujours le traitement commence par augmenter l'écoulement.

10. GRAVELLE.

Les individus atteints de cette maladie se trouvent généralement très-bien de l'usage des eaux de Hombourg. La grande quantité d'eau ingérée et la qualité de celle-ci augmentent la diurèse et entraînent le gravier avec les urines.

Leur utilité ne serait cependant que passagère si elles n'agissaient pas sur la composition du sang et empêchaient par-là la formation de nouvelles concrétions. Mais c'est là le résultat qu'elles paraissent produire, et qui s'expliquerait très-bien par la théorie chimique de M. Liebig. En effet, d'après les recherches du professeur de Giessen, il s'agit, dans le traitement de la diathèse urique, de transformer en urée et en acide carbonique, à l'aide de l'oxygène, autant d'acide urique que possible, et maintenir en solution, au moyen de l'eau et des alcalis, toute la portion d'acide qui doit être éliminée.

On remplit la première indication entre autres par

l'administration du fer et de l'eau, qui augmentent la quantité d'oxygène du sang, et par l'usage des apéritifs, qui, en excitant la sécrétion biliaire, diminuent les matières non azotées contenues dans le fluide nourricier (1). Les eaux de Hombourg, qui contiennent du fer, des alcalis, et qui stimulent vivement la sécrétion du foie, doivent donc convenir dans la gravelle. Quoi qu'il en soit de cette théorie, l'expérience, ce juge souverain en médecine pratique, a sanctionné l'efficacité de l'usage interne de l'eau d'Élisabeth dans la diathèse urique.

11. CATARRHE PULMONAIRE CHRONIQUE.

On a généralement remarqué, comme nous l'avons déjà dit, que les sécrétions muqueuses étaient augmentées d'abord par l'emploi des eaux de Hombourg. Cela arrive également dans les cas de bronchite chronique. Mais l'expectoration, plus abondante, diminue bientôt, soit par l'effet de l'excitation vasculaire, soit par la dérivation portée sur le canal intestinal, et l'augmentation des sécrétions abdominales ; probablement par toutes ces causes réunies, jointes à l'impression d'un air vif.

Aussi les individus pituiteux se trouvent-ils bien d'un séjour de quelques semaines aux eaux de Hombourg, et l'on en voit qui les quittent complétement débarrassés de leur catarrhe chronique.

(1) Hence Jones, *On gravel, calculus and gout*. London 1843.

12. PHTHISIE PULMONAIRE.

Les malades atteints de tubercules pulmonaires, et que les médecins ont envoyés à Hombourg, s'en sont rarement bien trouvés. M. le docteur Müller (1) a néanmoins observé quelques individus tuberculeux qui crachaient du sang en arrivant et qui sont partis soulagés. Mais, dans ces cas, M. Müller employa l'eau avec beaucoup de précaution, en commençant par la source acidule, et en ayant soin de laisser reposer l'eau préalablement, afin de permettre au gaz acide carbonique de s'échapper.

Quand on songe que les principes minéralisateurs essentiels de l'eau de Hombourg sont le sel de cuisine et le chlorure de chaux, le premier déjà souvent employé dans la phthisie, et dans ces derniers temps vivement recommandé par M. Amédée Latour, le second connu comme agissant sur l'absorption, on se demande pourquoi cette eau ne pourrait être employée avec avantage dans certains cas de phthisie, et l'on est porté à attribuer à des circonstances accessoires et au mauvais choix des individus, les effets défavorables que la plupart des tuberculeux doivent en avoir éprouvés. Ce n'est certes pas le fer contenu dans l'eau qui rendra compte de ces effets, puisque M. Dupasquier (2) n'a eu qu'à se louer de l'emploi du proto-

(1) *Erfahrungen*, etc. p. 26.

(2) *Gazette médicale de Paris*, 1842, p. 829.

iodure de fer, médicament qui offre quelque analogie avec la combinaison de fer et de chlorure de chaux qu'on trouve dans les eaux de Hombourg.

Nous savons par contre que les phthisiques se trouvent bien d'un air humide et doux, et que les conditions atmosphériques contraires leur sont nuisibles et hâtent souvent les progrès du mal. Or, la ville de Hombourg est située à une assez grande élévation, au pied d'une chaîne de montagnes, dans un pays sec; l'air y est vif, les soirées habituellement fraîches; qu'y a-t-il d'étonnant alors que des affections tuberculeuses de la poitrine soient exaspérées par un séjour dans cette localité? Les mêmes malades auraient peut-être été soulagés par l'usage de l'eau de Hombourg prise chez eux.

Il est évident, d'ailleurs, que cette médication ne peut convenir à tous les individus; ceux en particulier qui ont le système vasculaire très-irritable, ceux aussi qui sont parvenus au second ou au troisième degré de la phthisie, la supporteront difficilement. Mais chez des sujets mous, lymphatiques, atteints du premier degré d'une tuberculisation pulmonaire qui a sa racine dans une constitution scrophuleuse, l'usage modéré, prudent et bien surveillé de l'eau de Hombourg pourra sinon guérir le mal, puiqu'il n'est pas encore démontré que la phthisie puisse se dissiper à cette période de son développement, du moins en arrêter les progrès, la rendre stationnaire.

Des congestions sanguines vers la poitrine, l'accélération et la plénitude du pouls, survenues pendant le traitement, exigeront des saignées générales ou des applications de sangsues à l'anus ou aux aines.

13. ASTHME.

L'asthme nerveux est une maladie si rebelle, qu'on ne peut s'attendre à le voir disparaître souvent par l'usage d'une eau minérale. Comme cependant beaucoup de ces malades ont tout le système nerveux souffrant, et quelquefois sont sujets à des irrégularités des fonctions digestives, l'eau de Hombourg, à l'intérieur et en bains, pourra les soulager, en agissant sur le canal intestinal et sur le système nerveux par le fer et les sels qu'elle contient.

L'asthme dépendant de l'emphysème pulmonaire ou du catarrhe pulmonaire chronique, pourra être soulagé, ainsi que ces maladies, par l'usage interne de l'eau de Hombourg. Tandis que l'asthme symptomatique d'une affection du cœur, ainsi que toutes les maladies organiques de cet organe, contre-indiquent l'usage des eaux excitantes, qui manquent rarement d'exaspérer le mal.

14. PARALYSIES.

Les bains salins, simples ou ferrugineux, sont fréquemment employés avec succès dans les affections nerveuses, mais rarement ils réussissent, du moins comme médication unique, dans les paralysies. Ceci s'applique aussi aux bains de Hombourg. M. le docteur Müller a cependant obtenu de l'amélioration par leur usage et par celui de l'eau d'Elisabeth à l'intérieur, dans quelques cas d'affaiblissement des extrémités inférieures provenant d'abus vénériens ou d'onanisme.

15. HYSTÉRIE.

Depuis longtemps on connaît l'efficacité des bains de mer dans les affections hystériques, et la vogue des bains propres à guérir ces maladies doit nécessairement s'accroître, et s'accroît en effet, à mesure que le mode d'éducation des femmes rend leur système nerveux plus irritable. Les eaux de Hombourg, qui ont avec l'eau de la mer une grande analogie de composition, agissent d'autant mieux sur le système nerveux, qu'elles contiennent, outre les principes salins, du fer en quantité assez notable.

Ce ne sont pas tant les attaques hystériques convulsives que ces eaux guérissent avec facilité, quoiqu'en améliorant l'état général ces dernières puissent contribuer à rétablir les malades. C'est plutôt dans cet état particulier du système nerveux qu'on a appelé *hystéricisme* que les eaux de Hombourg montrent toute leur efficacité ; dans cet état caractérisé par une irritabilité extrême, des constrictions à la gorge, des pleurs sans motifs, etc.

Dans les cas de ce genre, qu'on observe quelquefois aussi, quoique plus rarement et avec des modifications, chez des hommes, on emploie avec avantage les bains, et à l'intérieur on fait prendre ou l'eau d'Élisabeth ou l'eau ferrugineuse, suivant qu'il s'agit plus particulièrement de rétablir les fonctions digestives troublées ou d'activer la sanguification.

16. HYPOCHONDRIE.

Une des maladies dans lesquelles on obtient les résultats les plus favorables de l'usage des eaux de Hombourg, c'est l'hypochondrie. Non cette hypochondrie simple, primitive, qui n'est au foud qu'un degré, qu'une forme de l'aliénation mentale; mais cette hypochondrie *cum materie*, comme disaient nos prédécesseurs, qui a son origine dans des affections abdominales, et peut, par conséquent, être appelée consécutive, sympathique.

Les affections qui précèdent ordinairement le développement de la névrose, rentrent dans celles dont nous avons déjà parlé; ce sont des dyspepsies, des cardialgies, des coliques flatulentes, de la constipation, des flux hémorrhoïdaux, des engorgements viscéraux. A ces dérangements se joignent ordinairement, pour donner naissance à l'hypochondrie, un tempérament nerveux ou bilieux, et l'habitude de faire attention à toutes ses sensations corporelles, habitude acquise par l'éducation mal dirigée, par les lectures, par le désœuvrement, etc.

Les eaux de Hombourg, employées dans cette maladie en bains et à l'intérieur, mais surtout par cette dernière voie, non-seulement ramènent l'innervation à son état normal, mais rétablissent les fonctions des organes abdominaux et font disparaître par-là la cause première du mal. Prises à la source, l'action des eaux est augmentée par l'effet de la distraction et des promenades dans un air vif, circonstances toujours favorables dans les affections morales.

L'eau d'Elisabeth n'est pas toujours suffisante pour remédier aux constipations opiniâtres de ces individus, et l'on se voit quelquefois obligé de renforcer le traitement par la source de l'Empereur.

17. GOUTTE ET RHUMATISME.

Si je réunis ici ces deux maladies, ce n'est point pour les confondre, mais plutôt pour faire mieux sentir la différence de leur nature et de leur traitement.

En effet, le rhumatisme articulaire est le plus souvent occasionné par des refroidissements ; c'est une maladie des hommes qui sont obligés de gagner leur vie à la sueur de leur front, exposés à toutes les intempéries atmosphériques. La goutte, au contraire, est une affection princière, qui n'attaque guère que des gens riches ou aisés, aimant à jouir des plaisirs de la table et de l'amour, et fuyant les exercices corporels.

Aussi, tandis que le premier se déclare subitement, celle-ci est presque toujours précédée de prodrômes, qui consistent dans des dérangements des fonctions digestives, tels que dyspepsie, flatuosités, renvois acides, constipations, hémorrhoïdes. Chez les individus qui souffrent depuis longtemps de la goutte, cette affection abdominale persiste même et contient le germe de nouveaux accès.

Cette rapide énumération de quelques caractères différentiels des deux maladies doit nous faire pressentir une différence dans l'indication des eaux de Hombourg. Employées en bains, elles conviennent, comme les bains salins en général, dans le rhumatisme articulaire chronique, dissipent la raideur et l'engorgement des articulations qui persistent à la suite de l'arthrite rhumatismale aiguë.

Dans la goutte, c'est le principe de l'affection, la diathèse, que combattent les eaux de Hombourg. En rétablissant les fonctions des viscères du bas-ventre, elles agissent sur la nutrition et la sanguification, les régularisent, et empêchent par-là le retour des accès. Pour remplir ce but, elles méritent la préférence sur les eaux de Wisbaden, qui jouissent d'une grande réputation dans les affections goutteuses, et qui à leur tour conviennent mieux pour faire disparaître les nodosités (tophi) des articulations. De sorte que ces deux nayades voisines peuvent se prêter un secours mutuel pour empêcher le retour du mal et en faire disparaître les effets.

Dans la diathèse goutteuse, l'usage de l'eau de Hombourg à l'intérieur est bien plus essentiel que les bains, puisque c'est sur le canal digestif et sur l'assimilation qu'on doit agir. Comme adjuvants, les bains ont cependant leur utilité.

18. FAIBLESSE DE CONSTITUTION. CONVALESCENCE D'AFFECTIONS GRAVES.

Le séjour à Hombourg, l'usage des bains salins et celui de l'eau ferrugineuse à l'intérieur, constituent un traitement très-approprié aux individus qui ont apporté en naissant une constitution trop faible ou qui ont été débilités par des causes diverses. Il convient de même à ceux qui ont de la peine à se remettre de maladies graves, dont la convalescence ne marche pas vite, parce que leurs fonctions digestives ne s'éxécutent point. Dans ces cas, l'estomac et le canal intestinal sont souvent dans une espèce d'atonie, qui fait que l'appétit ne revient pas, que les digestions sont lentes et pénibles, que les selles sont rares. L'eau acidule, l'eau d'Elisabeth ou l'eau ferrugineuse à l'intérieur, suivant les cas, stimulent les organes, régularisent les selles, et hâtent par-là le rétablissement complet des malades.

19. MALADIE SCROPHULEUSES. RACHITISME.

Mais ce n'est pas seulement lorsque la constitution n'est qu'affaiblie qu'on peut retirer des avantages de l'administration des eaux de Hombourg; elles ne sont pas moins indiquées lorsque la détérioration de l'organisme est arrivée au degré qui constitue la maladie scrophuleuse, Et, par cette expression, je ne désignerai pas uniquement la tuméfaction des ganglions avec dépôt tuberculeux dans leur intérieur; car je suis loin de vouloir confondre les diathèses scrophuleuse et tuberculeuse, quoique la première prédispose à la seconde. Je comprends sous la dénomination de scrophules tous les degrés de cette diathèse, qui est caractérisée par une disposition à une foule d'affections de presque tous les tissus, et dont le premier degré est ce *lymphatisme exagéré* qui n'est déjà plus la santé, sans être encore une maladie.

L'efficacité bien constatée des sources de Hombourg dans toutes les variétés de l'affection scrophuleuse, s'explique facilement par la composition chimique de ces eaux. Les bains de sel sont depuis longtemps employés dans cette maladie. L'hydrochlorate de chaux, qui est contenu en plus grande proportion dans les eaux de Hombourg que dans toute autre source, agit comme l'hydrochlorate de baryte, et ces deux médicaments sont employés avec succès dans toutes les formes des scrophules, même les plus graves, telles que les tumeurs blanches, etc.

Le sel de cuisine agit dans le même sens. M. Fischer, de Dresde, prétend même que de nombreuses expériences lui ont prouvé que les sels de soude et la soude pure sont le moyen le plus efficace pour résoudre les engorgements et les indurations des ganglions, du foie, de la rate. Et il attribue à la présence de la soude les propriétés résolutives de certaines eaux minérales (1).

Le fer enfin est un adjuvant d'une grande utilité, qui agit sur le sang appauvri, et qui, combiné avec les sels et l'acide carbonique, est bien supporté par la plupart des scrophuleux, par ceux-mêmes chez lesquels le sous-carbonate de fer ou toute autre préparation ferrugineuse pure ne peut être employée.

Dans l'affection dont nous parlons, c'est tantôt l'usage extérieur de ces eaux qui se trouve principalement indiqué, tantôt leur usage interne; mais dans la majeure partie des cas on fera bien d'employer les deux voies à la fois, afin de réveiller l'activité des fonctions digestives et de remédier à la tonie, à la flaccidité de la peau.

Les médecins de Hombourg, à l'exemple de ceux

(1) *Casper's Wochenschrift für die gesammte Heilkunde.* 1833. Nos 32, 33 et 35.

de quelques autres sources salines, ont cherché à rendre les bains plus actifs encore, en les chargeant davantage de principes minéralisateurs, et, à cet effet, ils ajoutaient aux bains une certaine quantité d'eaux mères condensées qu'ils tiraient de Kreuznach. Ces eaux mères passaient pour contenir, outre les différents sels qu'on y trouve toujours, une proportion assez forte d'iode et de brôme. Leur odeur n'ayant pas trahi la présence de ces principes, M. le docteur Trapp conçut des doutes et pria M. le pharmacien Theiss d'en faire l'analyse, laquelle démontra effectivement qu'il n'y avait plus de trace d'iode, ni de brôme. Probablement que ces substances se volatilisent pendant l'évaporation qu'on fait subir aux eaux mères avant de les livrer au commerce. Depuis que ce fait est connu, on remplace souvent ces eaux mères par celles de la saline de Nauheim, qui n'est qu'à 15 kilomètres de Hombourg, ce qui diminue considérablement les frais. Lors donc qu'on tient à avoir de l'eau iodée de Kreuznach pour le bain, on doit faire venir les eaux mères non condensées.

Généralement l'eau de Hombourg est assez minéralisée; il est inutile de la charger davantage encore des mêmes sels. Un bain qui contient près de 5 kilogrammes de sel de cuisine, 700 grammes de chlorure de chaux, 500 grammes de chlorure de magnésie, 20 grammes de carbonate de fer, est suffisamment condensé.

Ce n'est au fond que dans les cas où l'on voudra faire prendre des bains iodés qu'il sera nécessaire de modifier l'eau de Hombourg par l'addition d'eaux mères, et alors on choisira celles non condensées de Kreuznach. Quant à l'utilité de cette modification, elle est incontestable dans certains cas, elle est nulle dans d'autres; c'est au praticien à peser les indications. L'efficacité de l'iode dans les affections scrophuleuse a été exagérée pendant quelque temps. De nos jours on sait que ce médicament est loin de pouvoir guérir tous les scrophuleux, que souvent même il n'est pas supporté. Aussi doit-on chercher à préciser les cas où il peut être employé avec succès. L'expérience a démontré que l'iode réussit surtout chez les individus bouffis, à peau flasque et sale, au système nerveux, peu impressionnable, et qui sont atteints d'engorgement des ganglions lymphatiques du cou ou d'autres régions sous-cutanées. Il ne réussit guère dans les affections du système osseux; il est difficilement supporté par beaucoup de ces scrophuleux qui ont la peau fine, transparente, les cheveux blonds, les yeux clairs, les système nerveux et sanguin irritables. Enfin, il convient rarement dans le carreau.

C'est précisément dans les cas où l'iode est contre-indiqué que les sources salines et ferrugineuses de Hombourg rendent de grands services, employées à l'intérieur, en bains et sous d'autres formes; entre autres en fomentation sur des ulcères et en injections dans les conduits fistuleux (1). Il en est de même dans le rachitisme, où, jointes à l'air vif des montagnes et à un régime approprié, les eaux de Hombourg constituent l'un des traitements les plus efficaces.

20. SYPHILIS.

Si je mentionne la maladie vénérienne, ce n'est pas que des malades soient jamais venus à Hombourg pour s'y débarrasser de cette affection. Mais nous ne savons que trop combien elle est insidieuse, combien de temps elle peut rester à l'état latent; soit qu'elle n'ait jamais été traitée, soit qu'ayant résisté en partie à un traitement mal dirigé ou insuffisant, elle a disparu de la surface pour nous cacher son existence. Est-il étonnnant dès-lors, surtout en considérant la fréquence de l'affection, qu'il arrive à Hombourg des individus sous le poids de cette cachexie, et qui viennent prendre les eaux pour des maladies étrangères à la syphilis, ou du moins supposées telles?

Eh bien, toutes les fois que cela est arrivé, on a vu les symptômes augmenter d'intensité, lorsqu'ils étaient de nature vénérienne, et les signes de la syphilis con-

(1) M. Trapp s'est quelquefois servi avec succès, dans ces derniers cas, d'une décoction de la corne que les maréchaux-ferrants enlèvent du sabot des chevaux dans de l'eau saline.

stitutionnelle se déclarer dans ce cas où l'affection était larvée.

Hombourg agit dans ce cas comme la plupart des eaux minérales. On a attribué cette propriété aux eaux muriatiques seulement ; Schœnlein (1) y ajoute les chlorures en général, employés sous quelque forme que ce soit. La question ne nous paraît pas encore tranchée, et quelques faits de notre pratique tendraient à nous faire croire que toutes les eaux minérales qui, employées pendant un certain temps, produisent un état d'excitation, développent aussi le germe d'une maladie syphilitique latente dans l'organisme.

Ce que nous venons de dire s'applique également à la cachexie mercurielle.

On en tirera la conséquence qu'il faut se garder de faire prendre les eaux de Hombourg à des individus chez lesquels on reconnaît les traces de syphilis ou de maladie mercurielle.

21. MALADIE DES YEUX.

Il y a une variété de l'*ophthalmie interne*, qui consiste dans l'inflammation de la choroïde et de la rétine, s'étendant quelquefois à l'iris, où elle se manifeste sous la forme d'iritis chronique ou uvétis, et qui

(1) *Schœnleins klinische Vortræge*, von Gueterboek. 2tes Heft, p. 277.

affecte surtout des individus débilités, dont les fonctions digestives s'exécutent mal; souvent des femmes, à l'âge de retour, qui se trouvent dans ces mauvaises conditions. Cette ophthalmie interne chronique présente beaucoup de gravité en raison de l'état général de constitution, qui ne permet pas d'avoir recours aux moyens débilitants énergiques. Les eaux de Hombourg prises à l'intérieur peuvent ici rendre de grands services. En rétablissant les fonctions des viscères abdominaux, elles fortifient la constitution. En activant les sécrétions abdominales, elles opèrent la dérivation. En déterminant une congestion vers les vaisseaux hémorroïdaux, elles peuvent, aidées quelquefois d'une ou de plusieurs applications de sangsues à l'anus, détourner le sang qui se porte vers les yeux, remédier à la suppression des règles ou d'un flux hémorroïdal; en un mot, produire des effets favorables qu'on aurait eu de la peine à obtenir de toute autre médication.

Les mouches volantes, cette affection plutôt gênante que grave, et qu'on confond si souvent avec l'amaurose commençante, s'observe communément chez des personnes qui sont sujettes aux constipations et dont la vie est sédentaire. Aussi une saison à Hombourg améliore-t-elle ordinairemement leur état. Je ne dis pas qu'elles y guérissent; il n'y a guère que le temps, aidé de la sécurité morale sur les suites de cette affection, qui parvienne à faire disparaître peu à peu ces images si incommodes, qui d'abord effrayent tant les malades.

Certains cas d'*amblyopie* sont également basés sur des troubles abdominaux, des constipations, des suppressions du flux menstruel ou hémorrhoïdal, et peuvent être dissipés par l'usage interne de l'eau d'Élisabeth.

22. MALADIES DE LA PEAU.

Plusieurs dermatoses tirent leur origine d'un état anormal des organes digestifs. Tels sont les *érysipèles* répétés, la *couperose*, la *mentagre*. Souvent on ne parvient à en débarrasser les malades qu'en ayant égard aux troubles de l'estomac et des intestins. Si ce trouble est de ceux dont il a été parlé plus haut, et que guérissent les eaux de Hombourg, nécessairement celles-ci pourront être considérées comme curatives des maladies cutanées. Dans ces cas, c'est l'usage interne de l'eau qui sera l'essentiel.

Quant à l'influence des bains ou des appplications extérieures sur les maladies chroniques de la peau, sur les *ulcères atoniques*, on conçoit qu'elle puisse être salutaire; mais l'expérience n'a pas encore prononcé, excepté toutefois dans les cas d'*ulcères variqueux* ou de *varices simples* qui dépendaient d'une gêne de la circulation veineuse abdominale. Ces ulcères sont cicatrisées, ces varices se sont dissipées à mesure que les engorgements viscéraux passaient à la résolution et que le sang veineux pouvait refluer plus librement des extrémités vers le cœur.

23. ENGORGEMENTS GLANDULEUX ET AUTRES.

Nous avons vu plus haut les effets salutaires de l'eau de Hombourg sur certaines tuméfactions du foie. Dans ces cas, on pouvait attribuer la résolution de l'engorgement à l'excitation transmise au foie par l'intermédiaire de ses canaux excréteurs, dont l'extrémité intestinale se trouvait en contact avec l'eau ingérée.

Mais l'action résolutive du médicament s'exerce aussi sur des organes éloignés par l'intermédiaire du torrent circulatoire. Souvent déjà on a vu des *engorgements ganglionnaires* se dissiper très-rapidement par l'usage des eaux de Hombourg. Presque toujours les glandes engorgées, avant de diminuer, commencent par devenir plus chaudes, plus douloureuses à la pression, même plus grandes. Quelquefois on observe cette recrudescence même pendant la durée du traitement.

Employées à l'intérieur et en bains, les eaux de Hombourg sont parvenues à résoudre des *tumeurs non malignes du sein.* Celles liées à un dérangement menstruel sont les plus favorables à leur emploi. On s'est aussi servi avec succès de ces eaux dans ces cas de *névralgie mammaire* (irritable mamma d'Astley Cooper), accompagnée de tuméfaction de la glande, et qui occasionne des douleurs si vives; maladie opiniâtre, pour laquelle nous devons nous estimer heureux de posséder un remède de plus.

Une affection plus grave que celle-ci, quoique moins douloureuse, *la tuméfaction de l'ovaire*, a plusieurs fois cédé à la même médication. Les tumeurs de l'ovaire sont de différentes natures, et ne peuvent pas toutes passer à la résolution, ni s'amender sous l'influence d'un même traitement. Le diagnostic en est d'ordinaire très-obscur; il en résulte qu'il est difficile de préciser les cas dans lesquels l'eau de Hombourg réussira. Nos efforts doivent tendre à les bien déterminer. Heureusement nous pouvons l'employer chez ces malades sans inconvénient; elle restera souvent impuissante contre ces tumeurs, mais elle ne pourra pas facilement être nuisible.

L'*induration du col de la matrice* est encore à citer parmi les maladies pour lesquelles on va à Hombourg. Ici encore il faut distinguer entre les engorgements bénins et les indurations malignes, squirrheuses du col de l'utérus. Ces dernières ne seront pas plus guéries à Hombourg qu'ailleurs. Les tuméfactions bénignes du col, au contraire, se dissipent souvent par l'effet de ces eaux, aidées quelquefois d'applications de sangsues plus ou moins répétées, suivant que les eaux produisent une congestion plus ou moins forte dans les vaisseaux utérins.

On a vu cet engorgement exister chez de jeunes femmes et empêcher la conception; ce qui explique comment les eaux de Hombourg ont pu remédier à la stérilité.

Dans toutes ces affections utérines on emploie l'eau à l'intérieur et en bains. On ajoute encore à leur efficacité dans certains cas, en les utilisant sous forme d'injections ou de douche ascendante. C'est un mode d'emploi pour lequel un appareil particulier existe à l'établissement de M. Theiss.

Je viens, à propos de l'emploi thérapeutique des eaux de Hombourg, de parcourir presque tout le cadre des maladies chroniques, et on me reprochera peut-être de n'avoir su éviter l'écueil contre lequel vont échouer la plupart des auteurs qui écrivent sur un médicament, et d'avoir fait des eaux dont je traite un remède universel. C'est qu'effectivement plus on étudie un moyen, plus on apprend à le manier, et plus aussi on se persuade que dans les maladies, quelquefois les plus diverses, il peut se trouver des circonstances analogues qui réclament la même médication. Il s'agit alors de bien poser les indications et non de se laisser guider par le nom de la maladie.

Ces indications ne peuvent être saisies que par le médecin; aussi ne faut-il jamais abandonner l'usage des eaux minérales, qui sont énergiques, à la discrétion des malades, mais adresser ceux-ci aux médecins des eaux. Les praticiens de ces localités, habitués à se servir du même remède dans une foule de cas divers, savent, par la manière de doser leurs eaux et en variant les sources dont ils disposent, adapter le traitement à chaque cas individuel, parer quelquefois, par des moyens accessoires, aux accidents qui pourraient surgir pendant le traitement, et suspendre celui-ci à temps dans le cas où des contre-indications formelles viendraient à se déclarer.

Quant aux eaux de Hombourg en particulier, le médecin n'oubliera pas que toutes les fois que le système vasculaire est dans un état d'excitation, ou que le sang est trop riche, comme dans les maladies inflammatoires aiguës, elles sont formellement contre-indiquées; et qu'il en est de même dans toutes les maladies organiques, où, en augmentant l'activité de la circulation et la richesse du sang, on aggrave le mal.

Par la même raison elles ne conviennent point pendant la digestion. Elles augmentent outre mesure l'afflux du sang vers l'utérus, et peuvent par-là donner lieu à l'avortement.

IV.

Du mode d'emploi des eaux de Hombourg.

1. USAGE INTERNE.

Les eaux de Hombourg sont principalement employées à l'intérieur. La nature des maladies dans lesquelles on s'en sert surtout, rend raison de ce mode d'administration. Le traitement interne peut se faire à Hombourg même ou ailleurs, car on expédie l'eau au dehors.

Près des sources on se sert de verres qui contiennent 200 et 250 grammes (6 et 8 onces). On en prend 2 à 8 et même davantage de l'eau d'Elisabeth et de l'eau ferrugineuse, 2 à 4 de la source de l'Empereur. On fait bien de commencer par de petites doses et d'augmenter progressivement, afin de ne pas agir trop brusquement sur les voies digestives et de ne pas trop purger. Comme ces eaux doivent agir plutôt comme altérantes que comme purgatives, il vaut mieux ne les prendre qu'à doses modérées, de manière à produire deux ou trois selles et d'augmenter la sécrétion urinaire. Il sera rarement nécessaire de dépasser six verres. Il est essentiel de ne pas boire coup sur coup une grande quantité d'eau; elle chargerait l'estomac et pourrait fortement purger. Pour éviter ces inconvénients, on met un intervalle de dix minutes ou d'un quart d'heure entre chaque verre.

Le mouvement en plein air pendant qu'on boit l'eau est utile en ce qu'il convient par lui-même à presque tous les malades qui font ce traitement, et en ce qu'il paraît favoriser le passage de l'eau par les premières et les secondes voies.

A Hombourg, c'est le matin de cinq à neuf heures que les malades se rendent aux sources pour y boire l'eau. Quand il fait beau ils se promènent dans les allées qui y conduisent et qui les entourent. Par le mauvais temps on se met à couvert sous une colonnade en bois, trop étroite pour le nombre des visiteurs, et qui sera remplacée par un promenoir plus spacieux et plus monumental.

Ce ne sont que les malades très-faibles qui, par exception, peuvent prendre l'eau chez eux. Aussitôt que les forces leur permettent de se rendre à la source, on leur en donne le conseil.

Le plus souvent ce n'est que le matin à jeun qu'on boit l'eau, et l'on déjeune une demi-heure après avoir pris le dernier verre. Mais dans certains cas on retourne à la source le soir. Ceci convient aux personnes qui ne peuvent ingérer beaucoup d'eau à la fois sans avoir la diarrhée; elles prennent alors deux ou trois verres le matin, et autant le soir. C'est un mode d'administration qui présente aussi des avantages lorsqu'on ne veut point agir sur le canal intestinal, mais faire absorber tout le liquide. On ne doit jamais, le soir, en boire assez pour purger; on troublerait le repos de la nuit par les selles et l'excitation vasculaire, qui se produit toujours plus facilement vers la fin de la journée.

Ce n'est donc point pour brusquer le mal, pour abréger le traitement, en gorgeant d'eau les malades, qu'on leur conseille d'en boire dans la soirée; c'est plutôt pour leur permettre d'en prendre moins à la fois et pour obtenir par-là l'action altérante du médica- et non son effet purgatif.

Nous avons dit, en parlant de l'action des eaux de Hombourg, que l'eau d'Elisabeth, au lieu de provoquer des selles, produisait quelquefois l'effet contraire au commencement de son usage. Si les constipations étaient prolongées, il faudrait y porter remède par le moyen des lavements ou par l'addition d'une petite dose de sulfate de soude ou de magnésie, ou en faisant prendre un ou deux verres de la source de l'Empereur. Au bout de quelques jours ordinairement l'eau agit en provoquant deux ou trois selles. Si, au contraire, la diarrhée devenait trop forte, on suspendrait ou l'on diminuerait l'usage de l'eau.

Dans le cours du traitement, ordinairement vers la troisième semaine, il se manifeste des symptômes de pléthore générale ou locale ; le malade ne se sent plus aussi léger qu'au commencement ; son appétit se perd ; il a des selles moins fréquentes ou moins copieuses ; il éprouve des tiraillements dans les lombes, des démangeaisons à l'anus, de la pesanteur à la tête, le sommeil est agité. Le calme renaît si alors un écoulement menstruel ou hémorrhoïdal se manifeste. Souvent on est dans le cas de recourir à des applications de sangsues à l'anus ou aux aines, à des ventouses scarifiées sur les lombes. Une saignée peut même devenir nécessaire, car ces symptômes dénotent que le sang est plus abondant ; il est plus riche aussi par l'effet du traitement, et se porte surtout en plus grande abondance vers l'abdomen, dont les organes ont principalement ressenti l'impression excitante du médicament.

La durée du traitement ne peut pas être exactement limitée : quatre à six semaines sont toujours nécessaires pour produire un effet suffisant sur des maladies chroniques du genre de celles qu'on rencontre à Hombourg. On peut continuer le traitement pendant l'époque menstruelle chez les femmes faiblement réglées ; mais on doit suspendre l'usage de l'eau ou en donner des doses moindres chez celles dont la menstruation est abondante. Quelquefois les règles éprouvent un retard, ou ne reparaissent et ne se régularisent qu'après qu'on a cessé de prendre les eaux.

Dans bien des cas on voit des effets consécutifs favorables, lorsque pendant l'usage de l'eau les symptômes n'étaient point améliorés. J'ai moi-même observé une dyspepsie qui avait résisté à toutes les médications pendant trois années, et qu'une saison à Hombourg n'avait pas amendée, mais qui s'est dissipée quelques jours après que le malade fut revenu chez lui.

Nous avons dit plus haut que les eaux de Hombourg étaient aussi tirées en bouteilles et en cruchons et expédiées au dehors pour l'usage des personnes qui ne peuvent les prendre sur les lieux. On en a livré au commerce à peu près 110,000 en 1843. Les bouteilles valent toujours mieux que les cruchons; elles laissent moins facilement échapper une partie du gaz acide carbonique. Mais, quel que soit le vase dans lequel on conserve ces eaux, il se forme toujours au fond un dépôt jaunâtre, ocré. L'eau d'Elisabeth précipite immédiatement en sortant de la source, l'eau ferrugineuse et celle de la source de l'Empereur ne le font qu'au bout de quelques heures. Ce phénomène est généralement attribué à la perte du gaz, d'où la précipitation de ce qui était tenu en dissolution par lui. Mais cette perte est peu considérable, ainsi que le prouve M. Osius (1), et ne rend pas suffisamment compte de

(1) *Loco cit.*

l'abondance du précipité, dont la composition chimique n'est d'ailleurs pas exactement établie.

Quoi qu'il en soit des causes et de la nature de ce dépôt, il se trouve au fond de toutes les bouteilles et de tous les cruchons, et trouble le dernier demi-verre d'eau qui y est contenu. Les personnes qui ignorent cette circonstance, ont souvent considéré comme altérée l'eau qui était troublée par ce sédiment. Il reste au fond du vase si l'on a la précaution de verser lentement; mais dût-il s'en mêler à l'eau, il n'en résulterait aucun inconvénient; plusieurs de mes malades vidaient la bouteille sans prendre les précautions nécessaires pour empêcher le précipité de troubler le liquide.

Une bouteille ou un cruchon d'eau d'Elisabeth suffisent par jour; je n'en ai jamais fait prendre plus et souvent moins.

2. BAINS.

Quoique d'une importance secondaire chez la plupart des malades de Hombourg, les bains n'en sont pas moins une ressource précieuse dans beaucoup de cas, et presque toujours un utile adjuvant.

Dans les affections abdominales, accompagnées d'une irritabilité très-grande des systèmes nerveux et sanguin, cas qui se rencontrent souvent à Hombourg, les bains doivent être frais plutôt que chauds; on les prend d'abord à 32° C., et on descend peu à peu à 25° C. Aussi n'y reste-t-on pas longtemps, quinze à vingt minutes, quelquefois une demi-heure; très-rarement quarante minutes.

Lorsqu'au contraire ce sont des scrophuleux qui emploient les bains, il faut les donner à une température plus élevée et les prolonger, car il s'agit dans ces cas de faire absorber une grande quantité de principes minéralisateurs, l'eau ne pouvant être prise à l'intérieur qu'à dose modérée, afin de ne pas donner lieu à des évacuations alvines trop nombreuses, liquides et débilitantes.

L'heure à laquelle on prend le bain n'est pas indifférente. Beaucoup de malades commencent par boire l'eau, puis vont au bain. Cette pratique me paraît irrationnelle; elle expose les malades à sortir brusquement de l'eau pour aller à la selle, et elle attire vers la peau un mouvement fluxionnaire qui devrait pendant quelques heures rester fixé sur les organes digestifs, afin d'y activer les sécrétions.

Il est préférable de commencer la matinée par le bain, puis de boire l'eau et de finir par le déjeuner; ou bien de ne prendre le bain que deux heures après le déjeuner, vers onze heures.

Les personnes faibles et délicates font bien de se coucher ou du moins de se reposer après le bain.

Les bains de siége se prennent ordinairement le soir.

A Hombourg on n'a pas toujours le choix de l'heure

pour les bains, le nombre des cabinets étant trop petit comparativement au chiffre des baigneurs. C'est là une défectuosité à laquelle on remédiera par la construction, près des sources, d'un grand établissement de bains.

Jusqu'à présent il n'y a qu'une quarantaine de bains disséminés dans sept ou huit maisons particulières. Le plus grand de ces établissements, celui du pharmacien Thuquet, contient quinze baignoires, une étuve russe, un bain de gaz acide carbonique (1), et des douches

(1) Les bains de gaz qu'on trouve à Pyrmont, à Cronthal, à Nauheim et ailleurs, consistent dans le gaz acide carbonique qui se dégage des sources, et qu'on dirige dans un tambour dans lequel se trouve le malade. A Hombourg on pourrait en établir un pareil: mais dans celui dont il est question ici, et qui est situé loin des sources, le gaz est dégagé artificiellement. On peut préparer un bain semblable en prenant quatre à cinq kilogrammes de craie et en versant dessus, peu à peu, quatre à cinq kilogrammes d'acide hydrochlorique concentré, étendu dans huit à dix kilogrammes d'eau. On opère le dégagement dans une cornue à distillation, dont le bec se continue avec un tube qui conduit le gaz dans une baignoire couverte de toile. Le malade s'y met tout habillé; la tête dépasse seule la baignoire et se trouve garantie des émanations d'acide carbonique par la toile qui recouvre la baignoire et entoure le cou. Lorsqu'on est ainsi plongé dans le gaz, on sent, au bout de quelques instants, une excitation de la peau, une chaleur agréable qui se répand sur toute la surface du corps et qui est bientôt suivi d'une sueur abondante.

au moyen d'une pompe à jet continu. La maison du pharmacien Theiss, outre un bain de gaz, a six cabinets; il y en a trois à l'hôtel de l'Aigle, deux chez M. le docteur Müller, deux à la Cour d'Angleterre, etc.

Lorsqu'on établira de nouvelles baignoires, on devra avoir soin de les faire plus larges; car lorsqu'on prend des bains frais, il faut pouvoir s'y donner un peu de mouvement.

L'eau minérale est transportée dans des tonneaux de la source aux établissements où on la chauffe; elle perd par-là le gaz acide carbonique. C'est un inconvénient qui disparaîtra par la construction d'une maison de bains près des sources.

3. CIRCONSTANCES ACCESSOIRES DU TRAITEMENT.

Pendant l'usage des eaux de Hombourg, pas plus que pendant celui de tout autre remède, il ne peut être indifférent quel est le régime suivi par le malade. Mais ce régime varie suivant l'individualité du sujet et la nature de sa maladie. Tandis que les uns, d'une constitution lymphatique, ou affaiblis par des maladies anté-

On peut employer des bains locaux de gaz, en y plongeant seulement un membre. M. le docteur Müller, à Hombourg, qui s'en est servi quelquefois avec avantage, a considérablement soulagé par ce moyen un malade affecté de *crampe des écrivains*, maladie ordinairement si rebelle à toutes nos médications.

cédantes, ont besoin d'un régime analeptique, de viandes, de vin; d'autres, au contraire, sont obligés de ménager leur estomac, de manger peu à la fois et des aliments de facile digestion; il en est, enfin, qui, disposés à la pléthore et aux congestions, doivent, pour éviter que les eaux ne produisent cet effet, restreindre leur alimentation et la rendre peu réparatrice. Jamais on ne devra surcharger l'estomac; mais on a surtout remarqué que les repas copieux à une heure avancée de la soirée dérangeaient le traitement.

Les malades, principalement ceux qui font usage de bains, se vêtiront chaudement; ce qui est d'autant plus nécessaire qu'on va à la source de bonne heure, et que dans ce pays de montagnes les matinées sont fraîches.

Mais quelle que soit la température de l'air, le traitement pourra toujours être continué, du moins par la majeure partie des malades. J'ai déjà fait prendre de l'eau de Hombourg dans toutes les saisons. Cependant on ne se rend aux eaux que durant la belle partie de l'année. Il n'est pas indifférent toutefois d'y aller au printemps, en été ou en automne : les individus affectés de maladies du foie ou de la rate, les hypochondriaques ne supportent pas bien les grandes chaleurs de l'été, et tirent plus de profit d'un traitement par les eaux minérales fait au printemps ou en automne. Les scrophules et la goutte, par contre, demandent une température élevée pour être facilement guéries.

Le mouvement à l'air libre contribue au succès du traitement; l'après-midi ou la soirée devraient, toutes les fois que le temps le permet, être consacrés à la promenade.

Pendant le séjour aux eaux, le malade devra avoir l'esprit libre de toute préoccupation, ne pas s'occuper d'affaires et fuir tout ce qui éveille les passions.

Dans les cas où, après la cessation de l'usage des eaux, le mal n'a pas encore disparu, il ne faut pas immédiatement recourir à un autre traitement, mais avoir la patience d'attendre les effets consécutifs qui s'observent quelquefois. Dans bien des cas chroniques, un premier traitement n'est pas suffisant pour déraciner le mal; il n'y a qu'amélioration. On fait alors prendre de nouveau les eaux quelques semaines ou quelques mois après, ou l'on renvoie le malade à Hombourg l'année suivante.

Si pendant leur séjour aux eaux les malades ont suivi un régime particulier, ils ne doivent pas le quitter brusquement, mais, de retour chez eux, le continuer encore pendant quelque temps, ou même toujours, s'ils s'en sont bien trouvés et si leurs organes digestifs, longtemps malades, ont besoin de ménagements.

V.

Description de Hombourg et de ses environs.

1. LA VILLE ; SES ÉDIFICES.

Après avoir décrit les sources de Hombourg et parlé de leurs propriétés médicinales, il ne nous reste qu'à dire quelques mots sur la topographie de Hombourg, sur son climat, sur la manière d'y vivre, sur les ressources en promenades qu'offrent les environs, etc. Ces détails ne laissent pas que d'être d'une certaine utilité aux médecins, qui souvent sont consultés par leurs malades tout autant sur les circonstances accessoires dont nous allons parler, que sur les propriétés thérapeutiques des eaux.

Hombourg, capitale du landgraviat de Hesse-Hombourg, et résidence du landgrave, est une petite ville de 4,400 habitants, située à 14 kilomètres (3 lieues) au nord de Francfort-sur-Mein, à l'extrémité orientale de la chaîne des montagnes appelée *Taunus* de nos jours, mais qu'autrefois on désignait par le nom de *Hœhe* (mont, élévation), encore en usage chez le bas peuple, d'où est venue l'épithète, *ès monts* (*vor der Hœhe*), attachée au mot de Hombourg, pour distinguer cette ville de plusieurs autres localités qui portent le même nom.

La ville est bâtie sur une colline, à 200 mètres au-dessus du niveau de la mer. Le château du landgrave en occupe la partie la plus élevée. Sur le versant septentrional de la colline se trouve la vieille ville, avec ses rues étroites, tortueuses, ses maisons basses, enfumées, qui forme contraste avec les deux autres tiers de la ville, dont les rues larges, bien percées, les maisons à un étage, fraîchement peintes, dénotent l'origine récente. Des nombreux bâtiments à peine achevés, beaucoup d'autres en construction, parmi lesquels de considérables, indiquent au voyageur que la ville est en voie de prospérité.

Ce n'est pas ici l'industrie et le commerce qui répandent l'aisance, quoique autrefois le tissage des bas fût très-lucratif pour le pays et qu'on s'y adonne encore de nos jours. Mais aujourd'hui ce sont les eaux qui font vivre tout ce monde, et qui font sortir de terre, comme par enchantement, tous ces hôtels, toutes ces maisons à logements garnis. Encore la progression du nombre des édifices qu'on bâtit ne peut-elle atteindre celle du chiffre annuel des visiteurs.

Les étrangers logent ou dans les maisons particulières, ou dans les hôtels. Ils déjeunent chez eux, et dînent ou chez eux également, ou aux tables d'hôte, ce qui est plus général. Il y a de ces tables dans tous les principaux hôtels (Cour de Hesse, d'Angleterre, de Russie, etc.), où l'on dîne à une heure, et à la *maison de conversation* (*Kursaal*), où le dîner est servi à une heure et à cinq heures. Il arrive à Hombourg, comme dans les autres bains, que la table n'est pas toujours en rapport avec l'état des fonctions digestives des malades, et que ces derniers se laissent aller à manger plus que ce que comporte le traitement qu'ils subissent.

Le *Kursaal*, que je viens de nommer, est un superbe édifice, que MM. Blanc, fermiers des sources et des jeux, ont fait élever d'après les plans de M. Métivier, architecte du roi de Bavière.

Il a fallu du courage et une confiance très-grande dans les vertus des eaux de Hombourg et en l'avenir de cette nayade, pour oser entreprendre, à si grands frais, la construction d'un véritable palais, à une époque où certes le besoin ne pouvait encore s'en faire sentir, puisque le nombre des étrangers, en 1840, se bornait à peu près à un millier. Mais, en s'engageant dans une entreprise aussi colossale, MM. Blanc savaient bien qu'ils attireraient par-là à Hombourg une foule de ces familles étrangères, principalement anglaises et russes, qui viennent passer l'hiver dans les villes du Rhin, les unes pour y vivre plus paisiblement, les autres pour refaire leur fortune ébréchée par la représentation et par le séjour dispendieux des capitales du nord. Les prévisions des entrepreneurs n'ont pas été déçues, et déjà maintenant le Kursaal rassemble pendant l'hiver un nombre d'étrangers assez grand, et qui tend sans cesse à s'accroître. Aussi la distribution intérieure et la situation de l'édifice répondent-elles et aux exigences de la foule qui y tourbillonne pendant la saison des eaux, et aux besoins de cette société, moins bruyante et moins nombreuse, qui, pendant les longues soirées d'hiver, y cherche un point de réunion et les délassements de la conversation et de la lecture.

Le bâtiment, d'un style élégant, à 70 mètres de façade et 30 mètres de profondeur. Il contient une très-belle salle de bal, dans laquelle on danse au moins une fois par semaine, et où tous les soirs on peut passer son temps à entendre de la délicieuse musique; un salon pour les concerts (qu'on utilise quand des artistes distingués viennent à Hombourg), une grande salle à manger, puis des salons pour le restaurant, le café, les jeux (la roulette et le trente et quarante), enfin, un salon de lecture qui est ouvert au public, comme tous les autres, et où l'on trouve les journaux des différents pays.

L'intérieur de ces salons répond à l'aspect monumental de la façade. Les murs en sont revêtus en stucs exécutés par les frères Viotti, de Milan, et dont la richesse n'est surpassée que par l'éclat des plafonds peints en fresque par Conti, de Munich. L'ameublement et les déoors sont en harmonie avec les peintures; et lorsque quelques centaines de lampes et d'innombrables bougies projettent de tous côtés leurs flots de lumière et se reflètent dans les glaces colossales que la France a fournies, l'ensemble de l'édifice prend un aspect vraiment féerique, et peut rivaliser avec tout ce qui existe ailleurs de plus brillant en ce genre.

L'emplacement du Kursaal est bien choisi et les abords en sont faciles. D'un côté il n'est séparé de la rue principale que par une place encadrée de parterres, et qui cette année-ci sera ornée d'une centaine d'orangers; l'autre façade regarde les sources. Une terrasse et un jardin anglais élégamment tracé par M. Veyher, jardinier du roi de Prusse à Düsseldorf, et s'étendant jusqu'à la route qui descend dans le vallon, servent de rendez-vous au monde élégant, qui le soir vient y respirer l'air frais des montagnes, tout en prêtant l'oreille aux harmonies de l'orchestre.

On peut dire de l'ensemble de cet établissement qu'il est bien conçu et qu'il fait honneur au goût des artistes qui l'ont exécuté, et à l'activité des entrepreneurs, qui, ne l'ayant commencé qu'en avril 1841, sont parvenus à l'avoir complétement achevé et meublé le 1er août 1843.

Le château du landgrave ne présente à l'extérieur

rien de bien remarquable, excepté sa belle situation et les beaux jardins qui y tiennent, et dont le prince accorde la jouissance aux promeneurs.

Les autres édifices publics n'offrent rien de particulier. Il y a une église luthérienne pour la majorité des habitants, et une église catholique.

Pendant la saison des eaux, il y a même un service divin anglican; et les calvinistes trouvent dans deux communes voisines de Hombourg (Dornholzhausen et Friedrichsdorf) des églises de leur culte où le service se fait en Français.

2. CLIMAT. CONSTITUTION MÉDICALE DE HOMBOURG.

L'élévation à laquelle se trouve la ville, sa proximité de montagnes assez hautes, y rendent l'air vif et expliquent le froid de l'hiver et le retard qu'au printemps éprouve la végétation, et qui est à peu près de quinze jours sur la plaine de Francfort.

La ville est ouverte aux vents du sud et du sud-est; elle est abritée au nord, au nord-ouest et au nord-est par les montagnes du Taunus.

Le terrain sur lequel Hombourg est bâti et les environs sont très-secs. Un petit filet d'eau et un étang qu'il alimente, et qui se trouve dans le jardin du château, est la seule eau qu'on rencontre dans la proximité de la ville, l'eau qu'on y boit est fade et contient beaucoup de sels calcaires.

La campagne est bien cultivée ; les principales productions du sol sont les céréales, surtout le seigle. On y voit aussi beaucoup de pommiers et de poiriers, qui fournissent aux gens du peuple leur boisson ordinaire. Le houblon et la vigne ne s'y cultivent point. Les personnes qui boivent du vin ou de la bière tirent le premier du Palatinat, et la seconde de la Bavière.

Le climat de Hombourg dispose aux maladies inflammatoires, surtout en hiver et au printemps ; les pneumonies et les rhumatismes aigus sont celles qu'on observe le plus souvent. La fièvre typhoïde (typhus abdominale) s'y rencontre comme ailleurs. Par contre, la sécheresse de l'air y rend les fièvres intermittentes très-rares. Cette même cause, jointe à l'aisance des habitants, explique pourquoi on y voit peu de scrophuleux. La phthisie y est également peu répandue ; mais une fois qu'elle s'est déclarée chez un malade, elle suit d'ordinaire une marche plus rapide que dans les localités basses et humides.

Je dois ces renseignements à l'obligeance de MM. Müller (*Hofrath*) et Trapp (*Medicinalrath*), médecins des eaux, qui, avec les docteurs Kulmann et Mercklin, forment le personnel médical de Hombourg.

3. PROMENADES. EXCURSIONS DANS LES ENVIRONS.

Ce n'est pas chose indifférente pour une eau minérale de s'écouler dans les champs cultivés d'une plaine monotone, ou de sortir de terre au milieu des sites pittoresques d'un pays montagneux.

Les malades qui fréquentent les eaux gardent rarement la chambre; parmi ceux qui vont aux eaux salines, la plupart doivent se promener, le mouvement en plein air étant un des éléments de leur traitement. Il est dès-lors utile qu'à proximité se trouvent des promenades pour ceux qui ne peuvent aller loin, et que le pays soit assez varié pour offrir au malade une distraction dont son esprit a quelquefois plus besoin encore que son corps.

Sous ce rapport, Hombourg ne laisse rien à désirer. Dans la ville même et à ses portes, des jardins bien tracés, des allées ombreuses, une prairie, et au-delà une jeune forêt de hêtres, invitent à la promenade, même les plus paresseux. Pour ceux qui ne redoutent point des courses plus longues ou qui préfèrent le mouvement en voiture, à cheval ou à âne, la plaine accidentée et bien cultivée qui, s'étendant vers le sud, aboutit à Francfort et à son chemin de fer; au nord, des bois bien aménagés et des montagnes aux formes pittoresques, offrent des ressources appréciées et par ceux qui aiment de temps en temps rompre l'uniformité d'une saison aux eaux par le bourdonnement d'une grande ville et le sifflement des locomotives, et par ces promeneurs, amis de la nature, qui, loin du bruit des cohues, cherchent sous le feuillage quelque mousse peu connue, poursuivent l'insecte jusque sous l'écorce des arbres, ou, plus ambitieux et armés du maillet, veulent, en brisant les roches, ravir à la terre le secret de ses bouleversements antérieurs.

Parmi les promenades les plus rapprochées, on fréquente surtout le matin celle qui entoure les bassins des sources, ainsi qu'une forêt de hêtres qui n'en est séparée que par une prairie et qui couvre des collines de peu d'élévation, mais où l'on trouve quelques beaux points de vue.

L'après-midi on se porte de préférence vers un autre côté; on cherche l'ombre au jardin du château ou au jardin anglais, ou bien l'on pousse jusqu'à la petite ou la grande forêt de sapins.

Le château et son jardin sont situés, comme nous l'avons déjà dit, à l'extrémité occidentale de la ville. Les bâtiments sont de construction moderne, mais la tour ronde et blanche, haute de 60 mètres, et qui donne à la ville, vue de loin, sa physionomie particulière, paraît appartenir par ses fondations au temps de la domination romaine. Dans la cour se trouve un vieux châtaignier qui autrefois passait pour être placé le plus au nord de tous les arbres de son espèce.

Le jardin, qui entoure le château de deux côtés, couvre la pente occidentale de la colline sur laquelle la ville est bâtie. De beaux arbres forment un rideau touffu autour d'un étang poissonneux qui occupe la partie la plus basse.

Le jardin est ouvert aux étrangers, et le landgrave aime à voir qu'on profite de cette liberté.

A quelques pas de là on entre dans le *jardin anglais*, que la veuve de l'ancien landgrave a fait planter il y a une vingtaine d'années. Les amateurs de fleurs y trouveront surtout à repaître leurs yeux à la vue des collections de roses, d'azalées, de rhododendrons qui ornent les parterres.

Une allée de vieux peupliers d'Italie qui commence au sortir de la ville et s'étend vers la montagne dans une étendue de trois quarts de lieue, conduit à la *petite* et à la *grande forêt de sapins*. Dans la première, la plus rapprochée de la ville, se trouve une métairie où le promeneur peut se raffraîchir. Beaucoup d'ombre, des allées bien sablées, un étang avec un îlot sur lequel se trouve un temple, des bancs, enfin, pour se reposer et jouir de la vue sur la ville, constituent les agréments qui tous les jours attirent vers ce lieu une partie de la société de Hombourg.

La grande forêt de sapins commence là où finit l'allée des peupliers, et s'étend sur la montagne à une grande hauteur.

A l'entrée du bois, le prince a fait bâtir une *maison gothique*, destinée à être un rendez-vous de chasse. La pépinière qui alimente les plantations de Hombourg est près de là. Puis arrive la forêt proprement dite, traversée en tous sens par des chemins dont la plupart sont carrossables, et qui conduisent, en s'élevant insensiblement, à des points d'où la vue est de plus en plus étendue. Les principales de ces places sont la *Roche d'Élisaheth*, le *Chêne de Luther* (planté lors de la fête de la réformation en 1817, comme dans la plupart des localités de l'Allemagne protestante), et plus loin la *Mine d'or*. Pour arriver à cette dernière, on passe auprès d'une urne élevée en commémoration du prince Léopold de Hesse-Hombourg, tué en 1813 à la bataille de Lutzen. De ces différents points, la vue plane sur le pays qui s'étend au sud du Taunus. Francfort, son fleuve et son chemin de fer, le Rhin, Oppenheim, Worms, Darmstadt, la Bergstrasse, forment un panorama dont on détache difficilement le regard.

Ceux qui aiment les parties de montagnes feront une excursion à la *Saalburg*, restes d'un fort romain dont parle Tacite, et sur lequel ils trouveront une notice intéressante dans le livre du docteur Trapp (1).

Les plus intrépides enfin graviront le *Feldberg*, cîme la plus élevée de la chaîne du Taunus (à peu près 900 mètres), distance de 4 lieues (16 kilomètres) de Hombourg, et d'où la vue plane sur la vallée du Rhin, embrasse d'un côté le mont Tonnerre, les Vosges, la Fo-

(1) *Homburg und seine Heilquellen*, p. 38.

rêt-Noire, et s'étend de l'autre jusqu'aux montagnes de Cassel et de Gotha.

Le chemin qui conduit de Hombourg au sommet du Feldberg est facile et même très-praticable pour les voitures non suspendues dont on se sert ordinairement pour ces sortes d'excursions.

Les personnes, d'ailleurs, qui craignent les fatigues des parties de montagnes, peuvent diriger leur promenade d'un autre côté; elles trouveront dans les parties non montagneuses des environs de Hombourg assez de points intéressants à visiter. Je n'en citerai que les principaux.

Je ne parlerai point du village d'*Ober-Erlenbach,* où les amateurs de bière de Bavière vont se régaler au moulin de Falkenstein; ni de la petite ville d'*Ober-Ursel,* où les jeunes filles des environs vont sacrifier au veau d'eau, en vendant leurs belles chevelures aux négociants néerlandais qui les expédient en Angleterre; ni des restes informes de quelques *redoutes* que Custine a fait élever près de là en 1796; ni de *Kœppern,* remarquable par ses papeteries et sa position pittoresque; ni, enfin, de *Holzhausen,* autrefois apanage de plusieurs seigneurs, qui, aujourd'hui médiatisés, ne conservent de leurs anciens droits que celui de présentation aux places de ministres des deux églises, luthérienne et calviniste.

Une mention plus particulière est due au village de

Friedrichsdorf, qui doit son origine à une colonie française, ainsi que *Dornholzhausen*, encore plus rapprochée de Hombourg.

Friedrichsdorf n'est formé que par une seule et large rue, longue d'un quart de lieue, bordée de maisons bien bâties et dont la propreté annonce l'aisance des habitants. On y trouve de grandes teintureries, et beaucoup de bras sont occupés à la filature de la laine et au tissage de bas et d'étoffes grossières en laine. Il y a là, en outre, deux maisons d'éducation, l'une pour les garçons, l'autre pour les filles, où l'on trouve des enfants de parties très-éloignées de l'Allemagne, qu'on y envoie pour leur faire apprendre le français.

Les habitants sont d'origine française et portent des noms français, tels que Achard, Roux, Garnier, Rousselet, etc. (D'Essor, le secrétaire de M. Agassiz, est né à Friedrichsdorf).

Leurs ancêtres étaient des calvinistes qui ont quitté la France lors de la révocation de l'édit de Nantes. Ils voulurent se fixer à Ober-Ursel; mais cette ville étant catholique, les magistrats s'y opposèrent. Les émigrants se décidèrent alors à s'établir sur l'emplacement d'un bois, dans lequel ils avaient découvert une source dont l'eau était très-propre à leur industrie de teinturiers. Cette source fut transformée en fontaine, des maisons furent bâties à droite et à gauche : Friedrichsdorf prit naissance et a depuis continué à prospérer.

Il est très-curieux d'observer les restes de la nationalité française qui se sont maintenus ici pendant tant d'années et à travers tant de vicissitudes. Il faut l'attribuer en grande partie à ce que le service divin et l'enseignement dans les écoles ont toujours continué à se faire en français. Les habitants parlent les deux langues, mais entre eux ils se servent de préférence de la française. Les femmes se distinguent par une coiffure particulière, qui rappelle leur origine ; et dans une fête qui, au mois d'août, rassemble à Friedrichsdorf la population des environs, il y a toujours une barraque réservée aux habitants de l'endroit même, qui y dansent ce qu'ils appellent *la française*, et qui n'est autre chose qu'une contredanse telle qu'elle était en usage du temps de Louis XIV.

A sept kilomètres (une lieue et demie) de Hombourg se trouve la *source d'Okarb*, qui fournit une eau minérale légèrement ferrugineuse, mais fortement chargée de gaz acide carbonique et très-agréable à boire. Elle est connue sous le nom d'*eau de Sels* (*Selser-Wasser*), et souvent confondue avec l'eau de Selters. On raconte que les fermiers de ces dernières sources ne pouvant plus, à l'expiration de leur bail, obtenir une nouvelle concession, le gouvernement du duché de Nassau voulant les exploiter lui-même, entreprirent l'expédition des eaux d'Okarb, auxquelles ils donnèrent le nom de *Selser-Wasser*. L'analogie des deux noms et la circonstance que les initiales des nouveaux propriétaires (H. M.) mises sur les cruchons présentaient beaucoup de ressemblance avec les lettres H. N. (*Herzogthum Nassau*) qui se trouvent sur les cruchons d'eau de Selters, firent souvent confondre les deux eaux et augmentèrent rapidement le débit de celles d'Okarb, qui s'éleva en peu de temps à 300,000 cruchons par an.

La source est entourée de belles plantations et mérite d'être vue.

Plusieurs autres eaux minérales qu'on rencontre dans un rayon assez rapproché de Hombourg, deviennent souvent le but d'excursions aussi agréables qu'instructives.

La saline de Nauheim doit surtout attirer l'attention. Situé à 14 kilomètres (trois lieues) de Hombourg, enclavé dans le grand duché de Hesse, mais appartenant à l'électorat, Nauheim était autrefois un apanage du maréchal Davoust. Les sources salines qu'on y exploite sont très-chargées de sel de cuisine. Mais, outre ces sources servant à l'industrie, il y en a plusieurs autres moins chargées de sel, qu'on utilise pour l'usage médicamenteux à l'intérieur et en bains. A cet effet, on y a construit un petit bâtiment contenant une quinzaine de cabinets de bains.

L'eau dont on se sert le plus souvent pour l'usage interne, est peu salée, plutôt ferrugineuse, et contient moins de gaz acide carbonique que l'eau qu'on emploie pour l'extraction du sel.

Un sondage fait il y a deux ou trois années, a fait obtenir une source très-abondante, appelée *Sprudel*, qui a une température de 34° C. Cette eau est fortement gazeuse; c'est ce qui a déterminé le médecin de l'établissement (M. le docteur Bode) à faire établir à côté de la source un appareil dans lequel on prend des bains de gaz acide carbonique. Cette nouvelle source est également employée à l'intérieur.

Les eaux mères, c'est-à-dire l'eau qui reste après l'extraction du sel de cuisine, ne sont point utilisées à Nauheim. Nous avons déjà dit que les médecins en faisaient quelquefois venir à peu de frais, pour en ajouter aux bains d'eau de Hombourg dans les cas de scrophules.

Dans une direction tout opposée, mais à peu près à la même distance de Nauheim, se trouvent *Cronthal* et *Soden*, deux établissements d'eaux minérales. La route qui conduit de Hombourg à Soden, en passant par Cronthal et Cronberg, est très-pittoresque; et les personnes mêmes qui ne s'intéressent nullement aux sources de ces deux localités, ne regretteront point le temps qu'elles auront consacré à cette excursion.

A *Cronthal*, l'eau minérale est acidule et très-riche en gaz acide carbonique. M. le docteur Küster en a profité pour établir des bains de gaz, qu'il a principalement employés dans des affections de poitrine, maladies qui se présentent fréquemment à son observation, parce que la situation abritée de Cronthal y attire beaucoup de personnes dont les poumons sont irritables.

Soden est remarquable par le grand nombre de ses sources, dont la température varie de 9° à 19° R., et dont les proportions des principes constituants présentent également des différences considérables, quoique l'hydrochlorate de soude et le gaz acide carbonique en forment la base essentielle. Ces eaux minérales, peu connues, ne sont guère fréquentées que par des habitants de Francfort ou des environs.

A l'excursion de Soden on joint ordinairement la visite à la ruine de *Falkenstein* et au fort démantelé de *Kœnigstein*. La beauté des sites dédommage amplement du petit surcroît de fatigue.

Si l'aspect pittoresque du pays engageait le promeneur à pousser un peu plus loin que Soden, il se trouverait à l'établissement des *eaux sulphureuses de Weilbach*, à quelques pas du chemin de fer, qui, en moins d'une heure, le transporterait à Francfort, à Mayence ou à Wisbaden.

4. VOIES DE COMMUNICATION AVEC HOMBOURG.

Il n'y a de communication directe par voitures publiques qu'avec Francfort-sur-Mein. Mais ces communications sont nombreuses. En hiver il y a neuf départs de malles-postes et d'omnibus de Francfort pour Hombourg et retour. L'été prochain il y en aura à peu près vingt.

Francfort même se trouve être l'aboutissant de toutes les routes principales de l'Allemagne; celles de Cassel et de Leipsig amènent les voyageurs qui viennent du nord; celles de Stuttgard, Munich, Vienne, mettent Francfort en relation avec les pays de l'est; au sud, la belle route dite *Bergstrasse* traverse Darmstadt, Heidelberg, tout le pays de Bade pour aboutir à la Suisse, qui est en rapport plus direct encore avec Francfort par le chemin de fer de Strasbourg à Bâle et les bateaux à vapeur du Rhin, moyennant lesquels, en partant de Bâle à six heures du matin et de Strasbourg à dix heures, on est à Francfort à dix heures du soir en été.

Quant aux pays occidentaux, les malles-postes, les chemins de fer de la Belgique et celui de Mayence à Francfort, ainsi que la navigation à la vapeur sur le Rhin, les ont mis en communication directe et rapide avec Francfort. C'est ainsi que la malle de Paris par Metz et Forbach ne met que quarante-cinq heures pour aller à Francfort-sur-Mein. En prenant par Valenciennes, Bruxelles, Cologne et Mayence, on va de Paris à Hombourg en quarante-huit heures. Il n'en faut pas autant (quarante à quarante-cinq heures) pour aller de Hombourg à Londres en descendant le Rhin et en traversant la Belgique.

5. PRIX. MONNAIES.

J'ajouterai, pour compléter ces renseignements sur Hombourg, que le prix des logements varie à l'infini, que les tables d'hôte coûtent 1 fl. à 1 fl. 18 kr. (2 fr. 20 c. à 2 fr. 85 c.); les bains 36 à 48 kr. (1 fr. 30 c. à 1 fr. 75 c.). On ne paye rien pour l'eauqu'on boit aux sources, mais avant de partir on donne un pourboire aux filles qui remplissent les verres.

La monnaie du pays est celle de l'Allemagne méridionale : le florin et le kreutzer. On prend cependant à Hombourg toutes les monnaies étrangères. Parmi ces dernières, les pièces françaises de 5 et de 20 fr sont les plus répandues.

ANALYSE CHIMIQUE

FAITE PAR M. LE PROFESSEUR LIEBIG, DE GIESSEN.

M. le professeur Liebig, de Giessen, ayant fait l'analyse de cette eau en 1836, a obtenu les résultats suivants :

SOURCE ÉLISABETH OU CURBRUNNEN.

	Un litre d'eau contient :	Une livre (de 16 onces ou 7680 grains) contient :
Chlorure sodique.	10,30661 gram.	79,1547 grains.
Sulfate sodique.	0,04967	0,3809
Chlorure magnésique,	1,01437	7,7670
Chlorure calcique.	1,01029	7,7568
Carbonate calcique.	1,43106	10,9824
Carbonate magnésique.	0,26219	2,0114
Carbonate ferreux.	0.06029	0,4608
Silice.	0,04112	0,5157
Iode.	Traces.	
Acide carbonique libre.	2,81000	21,3102
Total des substances fixes et volatiles	16,98571	130,1396
	Centimètres cubes.	Pouces cubes.
Acide carbonique libre.	1492,07	48,64

L'acide carbonique paraît être fortement combiné à l'eau, car ce gaz ne s'en échappe pas même complétement lorsqu'on remue celle-ci et qu'on la laisse reposer ; et d'après les expériences de MM. Osius jeune, et Hopfer de l'Orme (1), l'eau de cette source tirée en cruchons et conservée pendant deux ou trois années, perd beaucoup moins de gaz acide carbonique que

(1) *Heidelberger medicinische Annalen* 1840 T. VI, p. 397.

d'autres eaux gazeuses, ce qui la rend très-propre à l'expédition.

1. *La source de l'Empereur* (ou *Sprudel*) doit son existence à un sondage fait, en 1842, jusqu'à la profondeur de 135 mètres. La grande quantité de gaz acide carbonique qu'elle contient, la fait continuellement bouillonner ; mais elle présente en outre, un phénomène particulier qui lui a valu le nom de *Sprudel :* c'est une effervescence qui, par intervalles, s'empare de l'eau, la fait monter au point que quelquefois elle est lancée au delà de l'encadrement, et qui se calme au bout de 15 à 20 minutes. Ce bouillonnement, qui, en 1842, revenait assez régulièrement d'heure en heure, ne se reproduit plus qu'à des intervalles plus longs et moins fixes; il dépend du gaz acide carbonique qui se dégage alors en plus grande quantité. Lorsque ce dégagement est très-considérable, il se fait un vide souterrain, et l'on voit alors le niveau de l'eau baisser et la source se retirer momentanément dans son conduit jusqu'à la profondeur de 6 à 7 mètr.

L'eau est limpide et contient un nombre considérable de bulles de gaz. Sa saveur est piquante, fortement salée et un peu ferrugineuse à la fin.

Sa température est de 11° C., et son poids spécifique (à 18 1/2° C.) de 1,0155.

L'analyse chimique faite par M. Liebig, en 1842, y a démontré les principes suivants :

	Dans un kilog. d'eau:	Dans une livre (de 16 onces ou 7680 grains):
Chlorure sodique.	15, 23395 gram.	117,00480 grains.
Chlorure potassique.	0,03899	0,29932
Chlorure magnésique.	1,02393	7,86432
Chlorure calcique.	1,73488	13,32480
Bromure sodique.	Traces.	
Sulfate calcique.	0,02496	0,19200
Carbonate calcique.	1,44590	11,10528
Carbonate ferreux.	0,10499.	0,80640
Silice.	0,04396	0,33792
Acide carbonique libre.	3,31478	25,45920
Total des substances fixes et volatiles.	22,96634	176,39424
	Centimètres cubes.	Pouces cubes.
Acide carbonique libre.	1710,7	55,4

2. *La source des bains* (*Badequelle*) offre, dans sa composition chimique, la plus grande analogie avec la précédente ; cependant la saveur de l'eau des bains est différente ; la moindre quantité d'acide carbonique qui y est contenue et la présence du bromure magnésique lui donnent un goût peu agréable. Aussi ne fait-on jamais usage de cette eau à l'intérieur.

D'après M. Mathias elle contient :

	Dans un kilog. d'eau :	Dans une livre de 16 onces ou 7680 grains :
Chlorure sodique.	14,1126 gram.	108,392 grains.
Chlorure potassique,	0,0499	0,384
Chlorure magnésique.	0,7687	5,904
Chlorure calcique.	1,9901	15,285
Bromure magnésique.	0,0002	0,002
Sulfate calcique.	0,0276	0,212
Carbonate calcique.	1,2726	9,698
Carbonate magnésique.	0,3235	2,485
Silice,	0,0213	0,164
Alumine.	0,0070	0,054
Total des substances fixes.	18,6359	143,069
	Centimètres cubes.	Pouces cubes.
Acide carbonique libre.	684	22,728

Il résulte de cette analyse qu'un bain dans une baignoire de la capacité de 300 litres, ou à peu près 10 pieds cubes, contiendra :

	kilogr.		livres.		onces.
Chlorure sodique.	4,233	ou	9	et	9
Chlorure calcique.	0,597		1		6
Chlorure potassique.	0,015		0		1/2
Chlorure magnésique.	0,310		0		8
Bromure magnésique.	0,0006		0		0 1 grain.
	5,155		11 1/2 livres.		

3. *La source nouvelle* ou *ferrugineuse* fut obtenue par un sondage entrepris par MM. Blanc, dans la vue de découvrir une source thermale. On traversa une argile ferrugineuse, de couleur jaune sale, et arrivé à 67 mètres (200 pieds) de profondeur, on trouva une source qui s'éleva jusqu'au niveau du terrain, sans jaillir beaucoup au-delà. Cette eau ayant été reconnue immédiatement comme fortement ferrugineuse, on la fit analyser par M. Liebig et on encadra la source.

L'eau est limpide, chargée de bulles de gaz, d'une saveur piquante, ferrugineuse, et beaucoup moins salée que l'eau de la source Elisabeth, quoique la proportion des particules salines soit presque la même.

Elle diffère aussi de cette dernière, en ce que, conservée dans des vases fermés, elle dépose moins vite et moins abondamment.

Sa température est de 10° C.; son poids spécifique (à 14° C.) de 1,01089.

L'analyse fournit à M. Liebig les résultats suivants :

A. *Substances fixes en quantité pondérable.*

	Dans un kilogr. d'eau :	Dans une livre (à 16 onces ou 7680 grains).
Chlorure sodique.	10,399 gram.	79,86432 grains.
Chlorure potassique.	0,023	0,17664
Chlorure magnésique.	0,694	5,32992
Chlorure calcique	1,389	10,66752
Sulfate calcique.	0,119	10,14592
Carbonate calcique.	0,981	7,53408
Carbonate ferreux.	0,122	0,93369
Silice.	0,041	10,31488

B. *Substances fixes en quantité impondérable.*

Chlorure lithique.
Bromure sodique.
Alumine.
Carbonate manganeux.
Acide crénique.
Acide apocrénique.
Matière organique.

C. *Substances volatiles.*

Acide carbonique libre.	5,769	21,26592
Chlorure ammonique.	Traces.	
Total des substances fixes et volatiles.	16,437	126,23616
	Centimètres cubes.	Pouces cubes.
Acide carbonique libre.	1465,790	46,905

Un litre ou bien 1,000 volumes d'eau minérale renferment 1 litre,46579 ou 1465,79 volumes d'acide carbonique.

4. *La source acidule* ou *de Louis* fut découverte par des enfants en 1809. Comme elle se trouvait placée sur les bords d'un petit ruisseau, on détourna celui-ci et on encadra la source. En 1824 on renouvela cet

encadrement, mais on y comprit plusieurs sources d'eau douce. Une tentative d'améliorer cet état, faite en 1835, ne fit qu'empirer les choses. Depuis lors l'eau resta trouble, sans gaz, et impropre à tout usage, jusqu'en janvier 1843, où un nouveau sondage, entrepris par MM. Blanc et poussé à la profondeur de 47 mètres (140 pieds), donna jour à la source actuelle. Depuis cette époque, la source fournit par jour 100,000 litres d'une eau limpide et pétillante, mais qui ne peut plus servir, comme autrefois, de boisson agréable et habituelle aux habitants de Hombourg. Sa composition la rapproche trop de l'eau d'Elisabeth, quoique sa saveur soit moins prononcée.

L'analyse chimique faite par MM. Will et Fresenius a donné les résultats suivants :

A. *Substances fixes en quantité pondérable.*

	Dans un kilogr. d'eau :	Dans une livre (à 16 onces ou 7680 grains).
Chlorure sodique.	10,9976 gram	84,461 grains.
Chlorure potassique.	0,2863	2,198
Chlorure magnésique.	0,7815	6,002
Chlorure calcique.	1,2378	9,506
Sulfate calcique.	0,0294	0.226
Carbonate calcique.	1,2756	9,796
Carbonate magnésique.	0,0060	0,046
Carbonate ferreux.	0,0508	0,390
Silice.	0,0163	0,125

B. *Substances en quantité impondérable.*

Bromure sodique.
Alumine.
Carbonate manganeux.
Acide crénique.
Acide apocrénique.
Matière organique.

C. *Substances volatiles.*

Acide carbonique libre.	2,3994 gram.	18,427 grains.
Chlorure ammonique.	Traces.	
Total des substances fixes et volatiles.	17,0809	131,177
	Centimètres cubes.	Pou es cubes.
Acide carbonique libre.	1277,10	41,357

Un litre d'eau ou 1,000 centimètres cubes renferment 1 litre,29241 ou 1292,41 centimètres cubes d'acide carbonique.

FIN.

TABLE DES MATIÈRES.

www.ingramcontent.com/pod-product-compliance
Ingram Content Group UK Ltd.
Pitfield, Milton Keynes, MK11 3LW, UK
UKHW020936180726
13838UKWH00002B/979

9 782329 078816